让我们做好准备，放松心情，一起种花种菜种春风吧！

新手养花零失败

海峡出版发行集团｜福建科学技术出版社

赵晶 编著

图书在版编目（CIP）数据

新手养花零失败 / 赵晶编著. —福州：福建科学技术出版社，2020.1
ISBN 978-7-5335-5975-5

Ⅰ.①新… Ⅱ.①赵… Ⅲ.①花卉－观赏园艺 Ⅳ.①S68

中国版本图书馆CIP数据核字（2019）第175174号

书　　名	新手养花零失败	
编　　著	赵晶	
出版发行	福建科学技术出版社	
社　　址	福州市东水路76号（邮编350001）	
网　　址	www.fjstp.com	
经　　销	福建新华发行（集团）有限责任公司	
印　　刷	福州德安彩色印刷有限公司	
开　　本	700毫米×1000毫米　1/16	
印　　张	13	
图　　文	208码	
版　　次	2020年1月第1版	
印　　次	2020年1月第1次印刷	
书　　号	ISBN 978-7-5335-5975-5	
定　　价	39.80元	

书中如有印装质量问题，可直接向本社调换

种花种草种春风（序）

　　一直以为，自然之美，美在日月之间，美在山水之间，美在花草之间。月总有阴晴圆缺，山水也非触手可及，而花草却能常伴在侧，每天都能从花花草草的细微之处发现美丽，找到快乐。无论是牵牛花吹起了紫色的小喇叭，还是艳丽的蔷薇绽开笑脸，抑或是万寿菊欣然怒放……所有的一切，都让我感觉生活中充满了"小确幸"。

　　爱花种花，亦从中明白了许多道理。从小受母亲影响，沉迷莳花弄草。有那么一段时间，恨不得种尽天下奇花异草，于是各种网购、代购，向花友讨要……竭尽所能，可结果却总是不尽如人意：无论多么努力，精心种植的三角梅始终不如在南方路边开得绚烂；尽管采取了多种保温措施，长寿花也终不能似北方温室中那么娇艳。

　　于是，我渐渐明白，爱花，并不一定要追求品种数量，摸清品种习性，因地制宜，把已有的花卉种好，更为重要。这正像我们的生活，不能总是一味地给自己加码，这山望着那山高，追求高薪豪宅名车，每天活在焦虑之中，却忘了自己身边的家人、朋友。现在的我，种花不贪多，美丽就好；生活不求全，快乐就好！

　　独乐乐不如众乐乐，希望爱花的朋友们都能从花花草草中感受到快乐，这正是编撰本书的初衷。《新手养花零失败》用通俗易懂的语言，让你快速掌握养花的基础知识和方法，少走一点弯路，多添一些乐趣。

　　种花种草，种的是一份心情，一份快乐，更是一种生活态度！让我们做好准备，放松心情，一起种花种草种春风吧！

目录

第一章 养花必备知识

一、花卉的分类

在园艺植物中，果树有40多种，蔬菜有150多种，而花卉则多达8000多种。花卉的种类繁多，习性各异，在分类上为了便于管理，我们一般按照以下几个方法来进行。

许烽摄   许烽摄

1. 依据亲缘关系和进化过程分类

自然分类法是按照植物的亲缘关系和进化过程来分类。花卉分类的基本单位，从小到大分别是"种""属""科""目""纲""门"。相似的"种"合成"属"，相似的"属"合成"科"，依此类推。"种"就是我们所说的花卉种类，比如梅花、桃花、菊花、茶花等。在实际栽培过程中，我们还经常提到品种，这不是植物学的分类，而是种植生产上的区分，比如酢浆草就有紫叶酢浆草、红花酢浆草、银斑酢浆草、芙蓉酢浆草等数十个品种。本书后面几个部分讲述每个具体品种都会介绍其种、属,以便对每种花卉进行亲缘关系的区分,了解哪些花卉是"近亲",哪些花卉"祖上"有渊源。

红花酢浆草

粉芙蓉酢浆草

2. 依据生长习性和形态特征分类

花卉一般可分为草本花卉、木本花卉和多肉植物。

(1)草本花卉

草本花卉的茎草质柔软,没有明显木质化。按其生长周期又可分为一、二年生花卉和多年生花卉,多年生花卉又可根据地下部分是否发生变态而分为宿根花卉和球根花卉。

一年生花卉:春天播种,在当年内开花结实的种类。其大多不耐严寒,冬季来临即枯死,如百日草、万寿菊、凤仙花等。

一年生花卉万寿菊

二年生花卉：秋季播种，当年只进行营养生长，第二年开花结实、死亡的种类。其耐寒性较强，可露地越冬，如虞美人、矮牵牛、雏菊等。

宿根花卉：多年生草本花卉，一般耐寒性较强，冬季可露地越冬。其中又可分为两类：一类是菊花、芍药、玉簪、萱草等，以宿根越冬，而地上茎叶每年冬季全部枯死，第二年春季又从根部萌发出新的茎叶，生长开花；另一类是万年青、绿萝、吊兰等，地上部分全年保持常绿，在温度低于5℃时要进行保温或升温处理。

球根花卉：多年生草本植物，地下的根、茎、叶中的一部分发生变态，形成一个球状、储藏营养物质的器官。

（2）木本花卉

木本花卉茎干木质，坚硬。根据其树干高低和树冠大小等可分为乔木、灌木和藤本。乔木花卉植株较高大，主干明显，长势健壮，如梅花、白玉兰、樱花、木棉等；灌木花卉则植株低矮，没有明显主干，如玫瑰、牡丹、栀子、连翘等；藤本花卉茎干细长，多攀缘或缠附在其他物体上向上生长，如凌霄、金银花、紫藤、爬山虎等。

（3）多肉植物

多肉植物是独立于草本和木本之外的一个较为特殊的种类，也称多浆植物。其茎叶肥厚多汁，贮藏大量水分，耐干燥环境，部分种类

球根花卉百合

多肉植物组合盆栽

的叶退化为针刺状。多肉植物包括仙人掌科、番杏科、景天科、大戟科、夹竹桃科、独尾草科、天门冬科等50多个科的部分植物，如仙人掌、仙人球、蟹爪兰、燕子掌、芦荟、龙舌兰等。

3. 依据观赏部位分类

花卉可分为观花类、观叶类、观果类、观茎类等。

（1）观花类

此类花卉以观赏花色、花形为主，如牡丹、山茶、月季、菊花、大丽花、茉莉、石竹等。

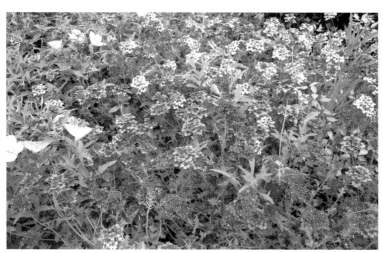

观花植物美女樱

（2）观叶类

此类花卉以观赏叶色、叶形为主，宜选观赏期长、生长良好、耐阴的种类，如文竹、肾蕨、万年青、彩叶草、橡皮树、龟背竹等。

（3）观果类

此类花卉以观赏果实为主，应选果实色彩鲜艳、坐果时间长的种类，如佛手、金钱橘、代代、冬珊瑚、无花果、石榴、观赏辣椒等。

（4）观茎类

此类花卉以观赏枝茎为主，如佛肚竹、紫竹、竹节萝、光棍树等。

（5）其他观赏部位类

除上述观叶、观果、观花之外，花卉还有其他可观赏的部位，如三角梅（为方便理解，本书中将其归为观花植物）、一品红、火鹤花（红掌、白掌、粉掌，为方便理解，本书将其归为观叶植物）、马蹄莲等都是观赏花朵外围的彩色苞片。

4. 依据自然分布分类

花卉按自然分布地区不同，可分为以下6类：热带花卉，如热带兰、变叶木等；温带花卉，如菊花、牡丹、芍药等；寒带花卉，如龙胆、雪莲、绿绒蒿等；沙漠花卉，如仙人掌、仙人球等；水生花卉，如荷花、睡莲、水葫芦等；岩生花卉，如银莲花、金丝桃、景天等。

此外，花卉按对光照强度要求的不同又可分为阳性花卉和阴性花卉；按对日照

水生花卉睡莲

长短要求的不同又可分为长日照花卉、短日照花卉和中性花卉。本书中对花卉的分类，结合了生态习性和观赏部位两种分类方法，一方面有助于我们对各类花卉的习性、性状等特征有一个概念性的了解和认识，另一方面能方便快速查阅，根据花卉的观赏部位来选择自己想要种植的品种。

二、居家花卉的选择与搭配

1. 初学者选择合适的花卉品种

形态各异、五彩缤纷的花朵对于我们的生活有非凡的意义：除了能美化环境，从健康角度讲，还可降温增湿、净化空气、降低噪音等，可谓益处多多；从休闲角度讲，能丰富人们的业余生活，让人享受田园乐趣，从而达到怡情养性的目的。在结束一天紧张的工作之后回到家中，如果能见到一簇簇芳姿绰约、迎风摇曳的花草，一定会倍感心情舒畅。这就是家庭养花的魅力。

那么，对于养花初学者来说，养什么花合适呢？这是家庭养花首先要考虑的问题。我们常看到，很多初学养花的人，总是"有心栽花花不开"，第一年

五彩缤纷的花卉

种花，第二年就剩下一堆空花盆。

原因就在于他们尚未掌握养花的基本常识和花卉的习性，更遑论养花心得和经验。他们很想养出美丽的花儿，但又不得其法，不是放任自流就是过度关心，甚至希望掌握一种放之所有花卉皆准的神奇方法，一劳永逸。

耐阴的花叶万年青

其实，名目繁多的各类花卉，其习性千差万别，有的喜暖畏寒，有的喜阳忌阴，有的则耐旱忌湿。因此，初学养花者在选择养什么花时，不妨从以下几方面考虑。

（1）选居住环境适合养的花

现代家庭一般种植花卉的地方是阳台、飘窗或者室内，主要看这些地方的光照条件能否满足花卉的生长需要。

飘窗和阳台都要根据朝向来选择花卉。北窗的光照最弱，有的仅有光线而无阳光，适宜栽种耐阴植物，如观赏蕨类、龟背竹、吊竹梅、万年青、吊兰、棕竹、常春藤等。对于东窗、西窗、南窗来说，一般的花卉都适宜栽种。

南向阳台的花卉

南向阳台和东向阳台具有光线足、气温高、易干燥的特点，故宜选择一些喜光、喜温、耐旱的观花观果类植物，如米兰、茉莉、扶桑、月季等。西向阳台夏季西晒较严重，应选择较耐高温的植物，如多肉植物，并要做好相关遮阳措施。北向阳台光照时间短、热量小，并且冬季北风影响大，应选择较耐阴或短日照植物，如文竹、万年青、君子兰、兰花、四季海棠、龟背竹等。

室内则比较适合养耐阴的绿叶植物，一般不长期种植观花的花卉，如果需要摆放盆花，最好经常拿到室外去晒晒太阳。

（2）选当地的土质、气候适合养的花

家庭种植的小环境确定了，还要遵循因地制宜的原则，根据当地气候条件和土质来选择花卉种类。气候是比较重要的养花限制条件，许多喜高温的花卉长期放在温度较低的环境种植，时间一长，生长发育就会受阻，严重时花卉遭受寒害或冻害，整个植株死亡。喜欢高温和温暖环境的花卉有海芋、绿萝、网纹草、花叶万年青、米兰、茉莉、扶桑、龟背竹、蝴蝶兰、三角梅、铁线蕨、橡皮树、一品红、栀子花、含羞草、吊兰、仙人掌等。

喜温的蝴蝶兰

喜凉花卉在凉爽季节里开花良好，害怕高温炎热。这一类型的花卉主要有仙客来、倒挂金钟、风信子、瓜叶菊、旱金莲、君子兰、石竹、三色堇、郁金香、天竺葵、水仙等。

因此，尽量根据所在地区的气候来选择合适养的花卉。如果气候不太适宜，则养护比较费劲，成本也较高。

当然，也可以人为调节温度，比如搭建温棚、冷室等。一般来说，中部和北部地区冬季来临前，除耐寒植物外，其他植物都要移入室内越冬。

（3）选易成活、植株常绿、易开花的品种

选择生性强健、对环境适应性强、无需特殊照顾的花卉品种种植，以常绿的吊兰、绿萝、仙人球等和容易开花的菊花、石竹、矮牵牛等为佳。

极易爆盆的矮牵牛

（4）选占地面积小、有良好美化装饰效果的花

若室内空间较小，可选择小型盆花及悬垂植物，如文竹、仙客来、微型月季、条纹十二卷、吊竹梅等，既美化了家庭环境，又不占用过多的空间。

2. 家养花卉巧搭配

常言道：雅室何须大，花香不在多。家庭种植花卉，要充分考虑个人的喜好以及合理的搭配，以期达到四季有花、生机盎然的效果。

（1）种植方式

家庭种养花卉一般以盆栽为主，地栽和水培为辅。盆栽方便移动和更新土壤，适合居家摆放。根据花卉大小和根系发达程度确定花盆的直径，并根据长势及时更换盆土或换大盆。盆栽花卉夏季可搬入室内遮阴，冬季又可搬入室内防寒，还可以根据需要更换不同的摆放位置，营造常绿常新之感。有庭院或天台的家庭可考虑地栽。地栽可以选种一些受花盆限制、不适宜盆栽的品种：株型较大的花卉，如桂花、茶花、大花栀子等；爬藤类的木本花卉，如金银花、凌霄花、紫藤花等；成

各种盆栽花卉

片种植观赏效果较好的花卉，如百日草、石竹、万寿菊等。此外，有些花卉还可以进行水培种植。水培具有干净、简便、美观的特点，但并非所有的花卉都适宜水培，一般来说，植物茎内有通气组织或者有气生根的种类较适合水培，如天南星科的绿萝、海芋、火鹤花、龟背竹，鸭跖草科的紫叶鸭跖草、吊竹梅、紫背万年青，景天科的石莲花、落地生根。

（2）种植数量

一般每个房间摆放 3~5 盆，不要种太多，整个室内控制在 10~15 盆为宜。大多数花卉夜间会吸收氧气，释放二氧化碳，如果摆放过多，会使室内氧气含量降低，影响睡眠质量。最好白天摆放在室内，晚上移到室外，并注意保持室内通风。对于兰花、月季、百合、夜来香等能散发出浓郁的香气的花卉，一个房间最多摆放一盆，而且不宜放在卧室，以免过

月季不适宜摆放在卧室

度刺激呼吸系统,使人出现头痛、头晕、恶心等症状。至于室外的阳台、露台、庭院等,则可根据个人喜好多栽种一些。需要特别注意的是,病人的卧室不适宜摆放花卉,因为花盆的泥土会产生真菌孢子,其扩散到室内空气中,有可能引起人体皮肤或呼吸道的不适。

(3)类型搭配

种植的花卉种类宜丰富多样,观叶、观花、多肉都兼顾到。花卉类型以观叶花卉为主,最好是常绿的,能对家庭起到较好的装饰作用,令人赏心悦目、心旷神怡。再配以观花和观果的花卉,让整个屋子里色彩缤纷,富有生机。最后,辅以一些多肉植物,重点摆放在卧室,夜间会吐出氧气,有益人体健康。

(4)季节搭配

由于每种花卉的花期和最佳观赏期各有不同,家庭种花还要考虑到四季花卉品种的搭配。春天配以花色靓丽的花卉,如杜鹃、石竹、蝴蝶兰、迎春等;夏天配以香花和冷色系花卉,如米兰、栀子、茉莉、鸢尾、绣球花等;秋天以观果植物为主,如石榴、火棘、金橘、代代、盆栽葡萄等;冬天以观叶植物为主,配些时令花卉如水仙、仙客来、蟹爪兰等,营造出吉祥、喜庆的节日氛围。

美丽的绣球花

(5)区域搭配

居室内的不同区域,适宜摆放的花卉也不同。客厅是家人团聚与会客的场所,植物装饰宜简朴、美观,不宜过杂。大中型盆栽如散尾葵、棕竹、龟背竹等一般适宜放置在墙角;几架上摆放蕨类、仙人掌、多肉植物等小型盆栽或四季海棠、仙客来，能显示出主人的生活情趣。

卧室是供人们睡眠与休息的场所，宜营造幽美宁静的氛围。以摆放中小体积、清秀优雅的植物为宜，如文竹、吊兰、常春藤、绿萝，以及无刺的多肉植物如石莲花、松鼠掌、芦荟等。

黄色系的花卉有助于增强食欲

书房布置的植物应该有益于烘托清静幽雅的气氛。书桌上可以适时摆放如梅、兰、竹、菊等，还可选择文竹、铁线蕨、万年青等植物，以调节神经系统，消除工作和学习产生的疲劳。书架上摆放可悬吊的吊兰、绿萝、常青藤，能使整个书房显得清幽文雅。

餐厅植物装饰应有利于增进食欲，如在饭厅周围摆放棕榈类、凤梨类等观叶盆栽植物。鲜花则选取橘黄色或橙色为主的花卉，以增强食欲，促进身体健康。

厨房内摆放的植物应清洁、无病虫害、无异味。厨房易产生油烟，摆放的植物还应有较好的抗污染能力，如芦荟、水塔花、肾蕨、万年青等。

卫生间应选择耐阴湿，叶面柔软特别是要无毛、无刺的植物，如冷水花、铁线蕨、万年青、豆瓣绿、竹类、蕨类等。

3. 能净化环境的花卉

科学实验证明，许多花卉具有吸收有害气体、净化环境的作用。养花不但能欣赏，还能改善空气质量，营造一个洁净舒适的生活空间，因此不妨选择以下三类花卉。

（1）能"吸毒"的花卉

茶花、仙客来、石竹、紫罗兰、玫瑰、紫薇、蕙兰、万寿菊、矮牵牛、女贞、棕榈、石榴、菖蒲、苏铁、菊花、常春藤、万年青、芦荟、吊兰、虎尾兰、秋海棠、

能吸收有害气体的桂花

鸭跖草、桂花、薄荷、仙人掌等植物都能吸收空气中的有害气体。在室内适当地摆放这类花草，有利于清除因装修及使用现代化办公设备造成的空气污染。

（2）能"杀菌"的花卉

茉莉、丁香、金银花、矮牵牛等可以分泌杀菌素，杀死空气中的某些细菌，保持室内空气清洁卫生。桂花的飘香能解郁、清肺、辟秽；菊花香能治头痛、头晕、感冒、眼翳；丁香花散发的香气，对牙痛有镇痛作用；蔷薇的花香，具有放松神经的作用；兰花的幽香能解除人们的烦闷和忧郁。

能杀菌的金银花

（3）能"放氧"的花卉

大多数花卉白天进行光合作用，释放氧气，晚上释放出二氧化碳。而有一些植物，例如仙人掌、仙人球、凤梨、长寿花等则恰好相反，夜间释放出氧气，

吸收二氧化碳。在室内摆放一些此类花卉，可平衡室内氧气和二氧化碳的含量，保持室内空气清新，利于夜晚睡眠。

需要注意的是，有些花卉有一定的毒性，如一品红、夹竹桃、黄杜鹃、光棍树、水仙、五色梅、含羞草、虞美人、花叶万年青、马蹄莲、石蒜、黄蝉、半夏、龟背竹、霸王鞭、虎刺梅、南天竹等花卉的汁液中都含有一些毒素。如果误入口、鼻，会有或轻或重的中毒反应。这些花卉不建议有小孩或宠物的家庭种植。

有毒性的夹竹桃

4. 有食用和药用价值的花卉

"以花入馔"自古有之，既美味又风雅。鲁菜中的桂花丸子，徽菜中的菊花锅，民间流行的桂花糕、荷花粥、梅花粥等均是久传不衰的佳品。

槐花、紫藤花、菊花、萱草花、木槿花、茉莉花、桂花、梅花、桃花、荷花、玫瑰花均可食用，而且还能起到一定的养生护肤功效：桃花可以让人脸色红润，玫瑰花可以缓和情绪、活血化瘀，荷花能

可以入馔的荷花

起到镇定和减肥的作用，木槿花可清热凉血等。

花卉的食用方法多样：有香气的花朵多做成甜点或羹汤，也可以泡茶；有些可煮粥或凉拌，还可以做馅，或油炸、炒食。

需要注意的是，并非所有的花都能做菜。在挑选鲜花入菜的时候，一定要先确定是无毒的，比如夹竹桃、曼陀罗、光棍花、一品红等含有对人体有害的成分，不可食用。此外，花店的商品鲜花可能含有农药和激素，不宜做菜；对花粉过敏的人也不适宜食用鲜花。

可以入药的蜀葵

除了食用外，很多花卉还有药用功效。李时珍的《本草纲目》就记载了近千种草本花卉与木本花卉的性味功能及临床药效。如美人蕉以根茎入药，可活血利湿，安神降压；百合以鳞茎入药，可润肺止咳，清心安神。茉莉能消暑降温，舒缓情绪；菊花可以醒脑提神，清肝明目。此外，芍药、牡丹、木棉、金银花、连翘、杜鹃、菊花、凤仙花、鸡冠花、荷花、蜀葵等均为常用中药材。

三、影响花卉生长的环境条件

花卉的生长和发育都与周围环境条件有着不可分割的联系。这些环境条件主要包括温度、光照、土壤、水分和养分等。它们共同作用，才使花卉长势旺盛，花开不断。

1. 温度——重要发育条件

温度是花卉生长发育的重要条件。各种花卉的生长发育和休眠都要求一定的温度，不同种类花卉因原产地的气候不同，对温度的要求也有所不同。每种花卉都有最适宜生长的温度区间，如果气温超过最高温度或低于最低温度，花卉的正常生长发育就会受到一定限制，甚至会造成严重的伤害。例如生性强健、适应性很强的月季，其生长适温为15~25℃。冬季温度低于-5℃时，月季进入休眠期；夏季持续30℃以上高温时，它则进入半休眠状态。

根据花卉对气温的要求，我们可将花卉分为以下3大类。

（1）耐寒花卉

此类花卉原产于温带和亚寒带，一般能忍耐-20℃左右的低温，在华北和东北南部地区可在露地安全越冬，如紫玉簪、萱草、山丹百合、野蔷薇、玫瑰、丁香、海棠、榆叶梅、紫藤、金银花、山桃、龙柏等。

耐寒的萱草

（2）半耐寒花卉

此类花卉原产于温带或暖温带，一般能耐-5℃左右的低温，在长江流域可露地安全越冬，在华北、西北和东北地区必须采取保护措施才能越冬，如菊花、金鱼草、郁金香、月季、梅花、石榴、玉兰、迎春、绣球等。

（3）不耐寒花卉

此类花卉原产于热带或

半耐寒的迎春

亚热带地区，喜温暖，在华南和西南南部可露地越冬，其他地区均需入温室越冬，故有温室花卉之称，如天竺葵、君子兰、仙客来、文竹、马蹄莲、一品红、三角梅、鹤望兰、龟背竹、橡皮树、巴西木、蝴蝶兰以及仙人掌类与多肉植物等。冬季室内最低温度应不低于 5~10℃，保持在 15~18℃为宜。

不耐寒的三角梅

为了更好地养护花卉，可以通过一些方法，人为创造适于花卉生长发育的温度环境，如冬季将花卉移入暖气室中，做好保温工作，白天尽量放在阳光直射处，并防止冷风吹袭。也可以为花卉搭建温棚或者套上塑料袋营造小温室，晴天时要注意适当透气。有的地区夏季气温高，对一些喜欢凉爽的花卉，如仙客来、倒挂金钟、杜鹃等生长不利，应选择通风凉爽的阳台下或走廊等处放置，也可适当往地面洒水达到降温的目的。

2. 阳光——万物生长靠太阳

没有阳光，花卉植物的光合作用就不能进行，其生长开花就会受到严重影响。一般而言，光照充足，光合作用旺盛，花卉生长就健壮，因此绝大多数花卉只有在充足的光照条件下才能枝繁叶茂。

根据花卉对光照强度的不同要求，我们大体上可将花卉分为以下 4 大类。

耐阴的地柏

（1）强阴性花卉

这类花卉原产于热带雨林、山地阴坡、幽谷洞边等阴湿环境中，在其整个生长发育过程中都需遮阴 80%，避免强光直射，如蕨类植物、兰科植物、天南星科观叶植物等。如果处于强光照射下，则枝叶枯黄，生长停滞，严重的整株死亡。

（2）阴性花卉

这类花卉原生地在丛林、林下疏阴地带，如杜鹃、山茶、棕竹、蒲葵、秋海棠、君子兰、文竹、万年青等，一般要求荫蔽度为 50%左右。阴性花卉在夏季大都处于半休眠状态，需在阴棚下或室内养护，而冬季则需要适当光照。

（3）中性花卉

这类花卉大多数原产于热带或亚热带地区，如白兰、茉莉、扶桑、栀子等。在通常情况下，它们需要光照充足，但在南方日照强烈的盛夏，适当遮阴则生长更加良好。

（4）阳性花卉

这类花卉在整个生长过程中需要充足的光照，不耐荫蔽。一二年生草本花卉、宿根花卉和落叶花木类均属于阳性花卉。多数水生花卉、仙人掌及多肉植物也都属于阳性花卉。观叶类花卉中也有一部分阳性花卉，如苏铁、棕榈、变叶木、橡皮树等。阳性花卉如果阳光不足或生长在荫蔽环境下，则枝条细弱，节间伸长，枝叶徒长，叶片淡黄，花小或不开花，并易遭受病虫危害。

对于阳性花卉，适时适度调节光照，可以使花卉保持清新艳丽。如菊花、芍药、牡丹、大丽

大丽花

花等，花期适当减弱光照，不但可以延长花期，而且能保持花色艳丽纯正。对各种白色香花适当遮阴，则花色洁白如玉，香气持久不散。

短日照花卉菊花

对喜阳花卉来说，光照时间的长短对其花芽分化和开花具有显著的影响。根据花卉对光照时间的要求不同，我们可将花卉分为以下3大类。

长日照花卉：一般每天的日照时间需要在12小时以上才能形成花芽。若达不到条件，就不会开花或延迟开花。多数自然花期在春末和夏季的花卉都属于长日照花卉，如唐菖蒲、鸢尾、翠菊、凤仙花等。这类花卉日照越长，发育越快，花朵多且花色艳丽。

短日照花卉：每天日照时间短于12小时才能形成花芽。多数自然花期在秋、冬季节的花卉属于短日照花卉。菊花、一品红、蟹爪兰、长寿花等为典型的短日照花卉。它们在夏季长日照的环境下只能进行营养生长而不开花，入秋以后，当光照减少到10~11小时，才开始进行花芽分化而开花。

中日照花卉：又叫中日性花卉，这类花卉的花芽形成对日照长短要求不严格，只要温度适合，一年四季都能开花，如月季、香石竹、扶桑、天竺葵、美人蕉、马蹄莲等。

家庭养花可通过调节光照的方式，适当提前或推迟花卉的花期。一是对长日照花卉进行增光处理，主要是用灯光增加光照时间；二是对短日照花卉进行遮光处理，少量花卉可用黑色塑料布或纸盒等将需遮光的花卉罩起来，根据植物需要，每天遮光一定的时间，不可中断。如想让长寿花提前开花，可在温度15~25℃时，对其进行遮光处理，每天只见光8~9小时，20天左右花芽即可长出，持续45~60天即可开花。

3. 土壤——"立足"之地

土壤是花卉生长的基础，为植物生
长提供必需的养分，因此，称它们为花
卉的"立足"之地一点也不为过。

（1）这样的土壤花卉都喜欢

每种花卉对土壤的要求都有细微的
差别，但一般来说，满足以下 4 个条件
的土壤大部分花卉都喜欢：疏松，排水
和透气性好；养分充足，富含腐殖质，

土壤

保肥、保水性好；适合花卉生长的酸碱度；不含有害微生物和虫卵、虫蛹等。

（2）土壤的构成

花卉的种植土壤又称培养土，除了一般常用的泥土外，还有其他材料，因
此培养土不仅限于泥土。家庭养花常用培养土的成分主要有：园土、山泥、塘泥、
沙、蚯蚓粪、煤渣、蛭石、珍珠岩、陶粒、砖粒、砻糠、砻糠灰、木屑、木炭、
草屑、树皮、棉籽壳、花生壳、松针叶、苔藓、椰糠、甘蔗渣等。

（3）土壤的酸碱性

就像人的口味各有不同，有人爱吃甜，有人爱吃辣，各种花卉对土壤的"口
味"——酸碱度的要求也有差别。土壤的酸碱度直接影响花卉生长发育。多数
花卉适宜在 pH 值 6~7 的微酸性土壤中生长（pH 值为 7 就是中性土）。山茶、
杜鹃、兰花、凤梨类等花卉要求较酸的土壤环境，通常要求 pH 值达到 5~6。因
此这些花卉栽培要选用腐殖质较多的山泥（兰花泥）。

石竹、大丽花、仙人掌类、石榴、葡萄、猕猴桃对土壤酸碱度适应的范围较广，
可以在 pH 6~8 的环境中生长。

对碱性重的土壤，可以加硫黄粉或硫酸亚铁、硫酸铝来调整，通常硫黄
粉的施用量为土壤总量的 0.1%~0.2%。对酸性过重的土壤可以用微量石灰粉
调整。

4. 水分——生命之源

水是植物体的重要组成部分，活的花卉鲜重的 75%~90% 是水分。花卉的一切生命活动都必须有水参与，水是花卉进行光合作用的主要原料之一。而且土壤中的营养物质，也只有溶于水中才能被花卉吸收。没有水，花卉就无法生存。

花卉对水分的需要量和它原产地的水分条件有关。原产于热带和热带雨林的花卉需水量较大，而原产于干旱冷凉地区的花卉需水量较小。一般而言，叶子大、质地柔软、光滑无毛的花卉需水量大；叶片小、质地硬或表面具蜡质层或密生茸毛的花卉需水量较小。根据花卉对水分的不同要求，通常将花卉分为以下 4 类。

雨水滋养的花朵

（1）旱生花卉

这类花卉耐旱性极强，能忍受较长时间土壤的干燥。多数原产炎热干旱地区的仙人掌科、景天科花卉即属此类，如仙人掌、仙人球、石莲花等。这类花卉耐旱、怕涝，水浇多了易引起烂根、烂茎，甚至死亡。

旱生花卉石莲花

（2）湿生花卉

这类花卉耐旱性弱，需要生活在潮湿的地方才能正常生长。原产热带沼泽地、阴湿森林中的花卉都属此类，如热带兰类、蕨类、凤梨科植物、马蹄莲、龟背竹、海芋、广东万年青、千屈菜等。湿生花卉在养护过程中应掌握宁湿勿干的浇水原则。

（3）中生花卉

这类花卉对水分的要求介于以上两者之间，需要在湿润的土壤中生长。绝大多数花卉均属于这一类型，如君子兰、月季、石榴、米兰、山茶、扶桑、桂花等。对此类花卉浇水要掌握见干见湿的原则，即土壤表土干了再浇，浇就要浇透。

（4）水生花卉

生活在水中的花卉，如荷花、王莲、睡莲、凤眼莲等，为水生花卉。

5. 养分——生长旺盛的诀窍

除了土壤里的养分，在花卉的生长过程中，我们还需要通过施肥给花卉"加餐"补充营养，才能使花卉枝繁叶茂，花繁似锦。花卉生长发育需要的各种元素，需要量最大且最主要的是氮、磷、钾。

氮肥：也称叶肥。它能促使植株生长迅速，枝叶茂盛，叶色浓绿。幼苗期或观叶类花卉应施氮肥为主，一般在春季至夏初施用。氮肥虽好，但也不能过量，否则茎叶柔弱徒长，易遭病虫危害。开花的植物在花芽分化前，应停止施用氮肥。

磷肥：也称花果肥。它能促进花芽分化和孕育，使花朵色泽浓艳，果实饱满，还能促进植株生长健壮。因此在花卉开花前和挂果后，可多施磷肥。

钾肥：也称根肥。它能使植物茎、根系生长强壮，不易倒伏，增强抗病虫害和耐寒能力。在花卉整个生长过程中，钾肥都是不可缺少的。长期放在室内的花卉，由于光照不足，光合作用减弱，可加大钾肥的施用量。

肥料分有机肥和无机肥两大类。

（1）有机肥

有机肥又称完全性肥料，是由动植物的残体经腐烂发酵后制成。它不仅含有花卉生长发育需要量较多的氮、磷、钾三种重要元素，还含有其他微量元素及生长刺激物质，能改良土壤结构，增加土壤的保肥、保水和通透性能，还有肥效长久、柔和等优点。

有机肥又分动物性有机肥和植物性有机肥。动物性有机肥常见的有人畜粪尿、羽毛、蹄角、骨粉、动物内脏等。植物性有机肥常见的有豆饼和其他饼肥、芝麻酱渣、树叶杂草、绿肥、中草药渣等。

通常动物性肥料的氮、磷、钾含量高于植物性肥料，肥效也较长，但植物性肥料肥性柔和。它们共同的特点是，都必须经过充分发酵腐熟分解到无恶臭时才能施用，否则不但起不到施肥的作用，还会"烧根"，影响花卉正常生长。

有机肥干禽粪

有机肥饼肥

（2）无机肥

无机肥主要指商品化学肥料，如尿素、硫酸铵、硝酸铵、磷酸二氢钾、氯化钾、硝酸钾等，以及经过加工复配，含有氮、磷、钾三元素的复合肥。无机肥具有肥分单纯、肥效快、不持久、易流失等特点，在盆花中若使用浓度不当，往往会导致植株死亡。

花卉施用有机肥和无机肥各有优缺点，应扬长避短，相互配合，交替使用，且要严格控制使用方法和用量。

第二章 家庭养花指南

一、养花准备时

1. 种植工具——让你事半功倍

铲子：用于换盆铲土，也可挖掘树桩用。有小型的专用花铲，也可用其他铲子代替，以尖头铲为好。

耙子：耙松板结盆土之用。

剪刀：剪粗干宜选用专用弹簧剪，剪除细枝、花叶、根须可用家用剪刀代替。

毛笔和刷子：用以刷除叶上、盆边的尘土和蛛丝，也可

种花工具

用于涂药去除害虫，或作清洗枝叶之用。毛笔还可用于花卉的人工授粉。

喷雾器：喷水雾加湿或喷药液用，市场上有养花专用的小型喷雾器。也可用塑料空瓶，将瓶盖钻若干小孔代用。

小勺：根部浇水和施肥用。可以用旧饭勺或自制。

竹签：换盆时用竹签剔除根土，也可用竹筷代替。

塑料网纱：用以垫盖盆底出水孔，上放瓦片，使排水更畅通，还可防止害虫侵入。如用浅盆可不放瓦片，可以多填泥土。

2. 容器——给花花一个合适的"家"

家庭花园中，除了庭院可以地栽花卉，露台或天台可砌花槽，其他大部分花卉都必须种植在花盆中。花盆有大有小，形状颜色多样，材质及特性也各有不同。

陶盆　　　　　　泥瓦盆　　　　　　瓷盆　　　　　　紫砂盆　　　　　塑料盆

泥瓦盆：排水透气性最好，最适合花卉生长，价格很便宜，但是不太美观。

陶盆：排水透气性略低于泥瓦盆，也非常适合花卉生长，价格便宜。不少陶盆还印上了图案和文字，外观上比泥瓦盆漂亮许多，是家庭养花最合适的花盆之一。

紫砂盆：外形美观、大气，但是排水、透气性低于陶盆，而且价格较高。

瓷盆：外形非常漂亮，但价钱较高，排水、透气性较差。

塑料盆：价格便宜，但排水、透气性较差，还易老化破碎，不使用时应注意保管，切不可任由风吹日晒，否则会加速老化。

木盆：适宜栽种大型的观叶植物，可放置于面积较大的厅堂和庭院。

水养容器：底部无排水孔，是水养花卉专用容器，一般有玻璃器皿和瓷器两种。

小贴士：选择花盆要注意的问题

陶盆、瓷盆、紫砂盆比较重，尽量用这些盆种植不需要经常搬动的花卉，否则会加重工作量。塑料盆不要放在窗边和阳台边缘，因为塑料盆重量轻，易被风吹倒而坠落伤人。

容器的排水十分关键。排水不良，植物根系易窒息腐烂。所以无论选用何种容器（除了水养盆）种植花卉，都必须保证盆底部有排水孔，保证排水通畅。

大多数花盆的排水孔都比较大，为避免浇水时泥土流失，需要在正式种植前进行垫盆，即用碎的花盆片、瓦片、粗沙砾、小石子或纱网覆盖住排水孔，要求既挡住土壤，又能顺畅排水。君子兰、兰花、郁金香等名贵花木，盆底除多垫几块碎盆片外，还应垫些煤渣或小碎石块，以增加排水能力，解决通气性差的问题。

园土　　　　　　　　河沙　　　　　　　　腐叶土

3. 土壤的准备不可少

每种花卉对土壤的要求都不同，根据需要可配置不同的土壤。

播种用培养土：腐叶土 5 份 + 园土 3 份 + 河沙 2 份。

扦插用培养土：单独用河沙或河沙 4 份 + 园土 1 份。

小苗上盆培养土：腐叶土 3 份 + 园土 1 份 + 河沙 1 份。

喜肥花卉培养土：腐叶土 5 份 + 园土 3 份 + 干牛粪 1 份 + 河沙 1 份。用于桂花、白玉兰、木槿、紫薇、花烛、绿巨人、蔓绿绒等。

草本观花花卉培养土：腐叶土 5 份 + 园土 3 份 + 河沙 2 份。用于百日草、石竹、福禄考、矮牵牛、鸡冠花等。

多年生观叶花卉培养土：腐叶土 2 份 + 园土 2 份 + 河沙 1 份，或塘泥 4 份 + 园土 5 份 + 火烧土 1 份。用于吊兰、竹芋、吊竹梅、秋海棠等。

木本花卉培养土：腐叶土 2 份 + 园土 3 份 + 河沙 1 份。用于米兰、九里香、含笑等。

肉质多浆类花卉培养土：腐叶土 3 份 + 园土 2 份 + 粗河沙 3 份 + 草木灰 1 份。用于仙人掌、鸡蛋花、光棍树、铁海棠、石莲、燕子掌等。

所有土壤在上盆使用前，均需进行消毒。家庭养花可用简便的日光消毒法，即在夏季将土壤平摊在水泥板上，上覆塑料薄膜，在强光下暴晒 3~4 天，能杀死土中大部分的病菌和害虫。

4. 花卉的选购和运输有妙招

准备好了工具、花盆和土壤，就要开始购买花卉栽种了。但是现在市场上的花商、花贩良莠不齐，很多朋友都有过被无良商贩欺骗的经历。所买花卉不是被以次充好，就是没多久就死了。本是怀着美好的愿望买花，结果不但耗费了金钱，而且被欺骗了感情。

所以，在购买盆花的时候，我们也要掌握一些技巧，辨别好坏。学会以下方法，你也能轻松成为买花达人。

（1）购买成品盆花最简便

直接购买已经成型或即将盛开的盆栽花卉是最简便的方法，只要注意以下几个选择要点就可以了。

精选健康优美的植株：盆花要选择株型优美、端正，叶色浓绿繁茂、有光泽，叶片没有黄斑、病斑的植株。不要购买枝条细弱或徒长的植株。开花的植物应选带有许多含苞未放花蕾的，不要选正在盛开或花芽受到伤害的。

成品花卉

这样的盆花不要买：①刚上盆的花木，尚未冒芽的不买。盆内是新土，茎往上一扯就松动，肯定是刚上盆不久，还未长出新根，买回家容易养死。②有根无茎叶的不买。一些山上的野藤、杂树根常被用来冒充名贵花木，很难鉴别，容易上当。③有斑点或冻斑的不买。早春时节低价销售的花木尤其要警惕。部分过冬花卉很容易受到轻微的冻伤，冻斑甚至比米粒还小，不仔细观察很难发现，如果买回后未及时采取措施，冻斑会越来越大，直至全株坏死。

（2）未上盆花苗最实惠

成品盆花虽然美丽，买来直接就能摆放在家中观赏，但是价格比较昂贵，花友们可量力而行。相比较而言，未上盆的花苗价格就要便宜多了，只要懂得挑选，养护得当，一样能枝繁叶茂。

未上盆的花苗

上盆后的鲜花

选择花苗，除了前面说到的植株健康优美等原则外，还要注意尽量选土团较大、没有松散，根须健壮、颜色白嫩的花苗购买，因为花苗没有土团很难成活，尤其是夏天和冬天。而根须稀少、主根损伤的也难以养活。另外，根部发黑的花苗不能买，因为根发黑，说明根部已经霉烂。

（3）购买花种或种球

虽然购买成品花卉或花苗可以省去许多步骤，但是自己播种，看着花卉发芽、成长直至开花，那种成就感和喜悦是其他方式无法比拟的。所以也有很多朋友喜欢购买花种或种球，自己从头开始培育。

花种多半是一年生或多年生草本花卉的种子，可根据自己的喜好购买。这类种子是经过种子公司专门处理过的，播种时不需要再处理和消毒，比较方便。不过在买种子的过程中也要注意几点：一是不要购买散装种子或已打开包装的种子及无证包装的种子；二要买标签齐全的种子，标签应标有种子类别、品种名称、产地、经营许可证编号、生产商地址及联系方式等；三要注意所购买的种子品种

网购花苗和种子

是否适合当地气候环境。

种球在花市都有出售，但不是特别多见。种球要选择新鲜、无伤口、颜色正常、根须洁白的。

网购是现在比较流行的购买方式。网购花苗、花种要选择信誉好、评价高的店铺。不要迷信网上所宣传的新奇品种，否则很可能被骗。

> **小贴士**
>
> 购买花种自己播种，可选择发芽率高、较好养护的草花品种。一般来说，越新奇的杂交品种，发芽率越低，养护难度也越大。种球要选择自己熟悉的品种，才更容易成活。

（4）分享花卉

在网络时代，来自五湖四海的花友都可以通过专业网站、论坛、博客等方式互相联系，互通有无。因此，来自各地花友的交换与分享，也是花卉品种的来源之一。

> **小贴士**
>
> 严寒和酷暑时节不要网购或分享，以免花卉在运输途中死亡。慎选路途太过遥远的卖家，一般木本花卉能够承受3~5天的运输，时间过长，花卉的死亡率会增大。草本花卉容易缺水，不建议网购。

（5）长途携带或运输花苗的方法

在旅游或者出差时，看到合适的花苗，总忍不住想买下来，但是又害怕路途颠簸让花苗夭亡。其实，只要做好保鲜工作，就能够平安将花苗带回家。

首先，要注意保湿和透气。将根部的土团用水喷湿，以湿润但不滴水为好，然后包上一层湿润的湿纸巾或布，再用塑料袋将根部包好扎紧。其次，在携带途中要放在阴凉处，避免阳光直射。若枝叶变干萎蔫，就适当喷点水。

如果是需要邮寄的花卉，则在包扎好根部以后，将花苗放入结实

包装需长途携带的花苗

的纸盒中，用胶带固定位置并在周围空余处塞上纸团或泡沫，以避免撞击引起的伤害。最后，一定要在纸盒上戳几个小孔透气。

二、养花进行时

1. 上盆和换盆——搬新家啦！

（1）换土换盆

从花卉市场购买的盆花，花盆中的土壤大多成分单一、养分有限，甚至用大量泡沫、塑料、废纸板等物填充花盆，长此下去，花卉缺乏水分养料，慢慢就会死亡。所以盆花买回家后，最好根据花卉品种换上另外配制的培养土。成品盆花购买时若正处在花期或主要观赏期，则要等花谢后进行换土。

若正处在春秋两季，则可结合换土进行换盆，为花卉提供更充足的生长空间和养分。换盆应掌握合适的时期，过早或过迟均不利于花卉生长。一般花卉多在休眠期和新芽萌动之前进行换盆，宿根花卉一般每年换盆1次，木本花卉1~3年换盆1次。换盆时间还因各地气候而异。北方地区多在雨水至谷雨期间进行换盆，但一些早春开花的品种，在孕蕾期和开花期不宜进行换盆，要待花后进行。

换土换盆的方法与步骤如下。

用泡沫等物垫盆　　　　　手扶花苗，往盆里加土　　　　上盆后的花卉要缓苗几天

①用铲子沿着花盆的边缘铲下去，撬松盆土，然后将花盆翻转，轻轻拍击盆壁，使土球松动，脱离花盆。如果花盆底部和土球粘接牢固，可用木棍从花盆底部排水孔向盆内捅掉覆盖在上面的瓦片，使土球脱离盆底。

②去掉部分旧土，剪去坏根和老根。换土的话要将旧土旧渣多去掉一些。

③在盆底洒一层碎石子做排水层，增加盆底的排水透气性，然后在碎石子上洒一层薄薄的底土。可用园土和少量细沙做底土。洒底土是为了减少基肥从排水孔流失。

④再铺一层基肥，一般用有机复合肥。基肥要充足。如果花卉不喜欢大肥，则要慎用粪肥。基肥铺好之后，就可以填入花卉培养土了。

⑤如果花卉是带土球的，当培养土填到一定深度时放入土球，再继续添加培养土，然后稍稍压实即可。如果花卉是裸根，加到一半土时应将花卉轻轻上

提一下，使根系舒展，然后继续填土，最后压紧即可。

⑥换完盆即浇一次透水，使盆土充分吸水。但多肉植物换盆后不宜浇水，而应采用湿土干栽的方法，即在填土时向土里喷洒少量水，使土壤略潮湿，换盆四五天之后再浇水。植株重新恢复长势后即可正常管理。

（2）花苗上盆

将花苗从苗圃或育苗容器中移出来栽入花盆叫做"上盆"。买回家不带盆的花苗，也要第一时间上盆养护。上盆是养花的一项重要工作，要根据各种花卉品种最适宜的移栽时间作为上盆适期。落叶花卉在11月下旬至3月中旬上盆，即在新叶未萌发前上盆；常绿花卉上盆宜在10月中旬至11月下旬，或3月上中旬。除以上时间外，也可临时上盆，但须谨慎操作、严加管理才能成活。

上盆的方法与步骤如下。

①土壤充分湿润，将花苗小心地从土里铲起，尽量多带土球，并且注意不要伤害根系。若是从育苗钵里移栽，则先松动育苗钵周围的土，然后一手提起花苗，一手抠住育苗钵底部排水孔，让土球整体从钵里脱落。然后剥掉多余的陈土，准备上盆。

②木本花卉挖起后，要修剪掉过长的和受伤的根系，再剪去地上部分过长的枝叶。草本花卉则要去掉枯枝黄叶。

③将盆底排水孔盖好。用浅盆、小盆上盆时，可在排水孔处铺塑料纱网或棕皮。一些名贵的花木，如兰花、杜鹃等，上盆时可在盆底放一些碎瓦渣、木炭等吸水物以利渗水。

④放入粗土，再放少量培养土，最后将花木种入盆中，四周均匀填土。土将满时，把花苗往上略提一提，并摇动花盆，使土壤与根系紧密接触。若花木带有土球，应将植株对准盆中央种入，然后填实培养土。用土量上，应注意保持盆土离盆口2厘米左右。

⑤上盆完毕应马上浇水，第一次浇水一定要浇足，直至盆底有水渗出。

⑥上盆后应放在阴凉处养护，几天后逐步增加光照。植株重新恢复长势后即可正常管理。

2. 浇水——花卉喝饱水的窍门

浇水是家庭养花的一项重要管理工作。我们不但要给花卉"喝水"，更要给花卉在对的时间喝适量的水。

（1）花卉浇水的原则

浇水的原则是见干见湿，不干不浇，见干即浇，浇要浇透。

见干见湿既保证花卉供水，又使盆土透气，保护根系发育。干的标准是盆土上层干燥，底土尚有潮气，植株生长正常或叶片在中午出现短暂萎蔫。开花植物缺水首先表现花瓣的萎蔫。发现叶与花出现失水现象，必须立即补充水分，

兰花除浇水外，还要适当喷水

多肉植物要少浇水　　　　　　　　　草本花卉要多浇水

以恢复生机。

　　浇水要透是指浇水量要达到能见到盆底有水渗出。盆土上湿下干的半腰水是盆花管理大忌。盆土表面的湿润现象，掩盖了缺水的实质，易造成根部缺水而死亡。断水过久的植物，再浇水抢救也很难复生。

　　（2）在对的时间浇水

　　夏季在清晨和傍晚浇水，冬季在中午前后、比较温暖的时候浇水。

　　（3）用对的方法浇水

　　盆栽花卉浇水，多数要避开当头淋浇，应对准根部的土壤浇水。大岩桐、非洲紫罗兰等花、叶被淋水后，会引起花、叶的腐烂。而凤梨类花卉，要求当头浇水，使叶筒贮存水，以满足生长需要。兰花、竹芋类的花卉除适当浇水外，还要适当喷水，以提高栽培环境的空气湿度。

　　（4）浇水多与少的口诀

　　草本多浇，木本少浇；喜湿花多浇，喜旱花少浇；叶大质软的多浇，叶小有蜡的少浇；生长旺期多浇，进入休眠期少浇；苗大盆小多浇，苗小盆大少浇；阳台多浇，庭院少浇；夏天多浇，冬天少浇；晴天多浇，阴天少浇；孕蕾多浇，开花少浇。

　　（5）花卉干旱脱水与受涝烂根的抢救

　　一般来说，花卉要尽量避免长期干旱脱水或积水受涝。如果因为个人失误或一时疏于管理而导致了干旱或受涝，也可以采取一些积极的方法补救。

　　草本花卉一旦长期缺水，枝叶枯死，一般无法进行抢救。木本花卉因长期干旱脱水，茎叶出现萎蔫干枯，应先移置于阴凉处减少植物体水分蒸发，并进行喷水，保持地上部分环境的湿度。将根部浇一次透水后，应根据见干见湿的原则再浇几次水。千万不可未等表土变干就连续补水，以防根系缺氧。失水特别严重的植株，根据地上部生长状态进行适当修剪，有利于重新萌芽发叶。

　　若久雨盆土积水，植株发生涝害，枝叶萎蔫失神，须立即将植株带土移出盆外，放在阴凉、通风处，以散发根部土壤水分，经过 3~5 天，恢复生长后再行上盆。天气久雨后突然放晴，日光强烈，不可将花卉暴露在阳光下，而应搬移位置，遮阴待恢复。

3. 施肥——给花卉加个餐

家庭种花施肥还是以有机肥为主，无机肥为辅。

（1）施基肥

基肥是在花卉上盆前施入土壤中的肥料，以农家肥、有机复合肥为佳。基肥充足的话，肥效可以持续1~2年，能供花卉全年生长期所用。

庭院养花施基肥可在冬季或早春，于花卉四周开沟或开穴深埋，或在种植前土壤翻耕时同时施入。盆栽花卉在培养土配制时掺入基肥，

菌渣肥可作为基肥

或在种植前施于花盆底部。常用的基肥有动植物残体沤制成的堆肥、禽畜干粪、腐熟的饼肥碎屑等。城市养花还可利用小磨麻油出油后的油渣，其也有较好的肥效，也可用炒熟或煮熟的黄豆埋入盆花的中、下层作补充基肥。

（2）追肥

追肥是指在花卉生长发育各阶段根据需要追加的肥料。追肥见效快，能被花卉迅速吸收利用。有机肥发酵后的浸出液都可用作追肥。常用无机肥有尿素、磷酸二氢钾等，一般是兑水后施在植株根部。

还有一种叶面施肥法，又称根外追肥，是用化肥溶水后喷施植株，

用喷壶进行叶面施肥

使养分在叶背部分渗入植物体内，具有操作方便、见效快的特点。施用时要注意：化肥浓度掌握在0.1%~0.3%，过浓会对植物造成伤害；阳台与露天种植的花卉，喷肥的时间宜在傍晚，以防施肥后烈日暴晒而增加肥料浓度造成肥害。叶面施肥喷施的位置要重视叶背部位。

（3）施肥小秘诀

根据开花情况施肥：观叶植物氮肥多一些，观果、观花植物磷钾肥多一些；香花类花卉进入开花期宜多施些磷钾肥，可促进花香味浓；球根花卉多施些磷钾肥，以利球体充实；以观叶为主的花卉可侧重施用氮肥；以观果为主的花卉壮果期应施完全的肥料。

根据生长阶段施肥：抽枝叶时以施氮肥为主，花芽分化、形成花蕾、开花前以施磷钾肥为主。

根据花卉长势施肥："四多、四少、四不"。黄瘦多施、发芽前多施、孕蕾前多施、花后多施；肥壮少施、发芽时少施、开花少施、雨季少施；新栽不施、徒长不施、病弱不施、盛夏不施。

适量施肥：薄肥勤施，有机肥用 7~8 份水加 2~3 份肥，化肥用 0.1%~0.3% 浓度，生长期 7~10 天施肥 1 次。

（4）家庭养花自制有机肥

家庭自制有机肥可庭院堆肥。利用庭院荫蔽角落挖坑，将日常拣剩的蔬菜茎叶、豆壳、瓜果皮、草药渣、蛋壳、虾蟹壳、家禽羽毛、鱼鳞、鱼内脏与杂草、落叶等堆积沤腐，在上面铺一层陈土，稍压实，浇些淘米水，以后有了各种下脚料再铺在上面，再加一层陈土。这样

厨余垃圾做肥料

一层隔一层，经过 3~6 个月腐熟后，翻拌使混合均匀，慢慢干燥后就可以作为以后换盆的培养土使用。前面做液肥剩下的渣亦可混入培养土中使用。

还可以利用可乐瓶、食用油壶等小口废塑瓶为容器，塞入各类厨余垃圾，经发酵、腐熟制成优质液态速效肥。

氮肥：菜皮、蚕豆壳、瓜果皮等加水 1~2 倍，腐熟后用上面的液体加 9 倍水稀释后作液肥使用。春季和平时萌发枝叶时适用。

磷肥：鱼肚肠、鸡鸭肠、肉骨（无盐分，敲碎使用）、虾蟹壳、羽毛、蛋壳等加水 2~3 倍，腐熟后用上面的液体加 12 倍水稀释后作液肥使用。淘米水含磷肥，浇水用腐熟淘米水更好，植物开花前适用。

钾肥：以上两种肥料亦含少量钾肥，如再要补充钾肥，可在盆土中加拌两成草木灰，能使植物更壮实，根系更发达。

长效全能肥：黄豆、豆饼、豆渣、花生、菜籽饼、螺蛳、贝类、鸽鸡鸭粪等加水 2~3 倍，腐熟后用上面的液体加 12 倍水稀释后作液肥使用。或者干燥后敲碎作基肥使用。

制作肥料会有臭气并易滋生苍蝇等小虫，因此最好用有盖的容器盛放，大口的缸要用塑料薄膜盖好，再用绳子扎紧。

小贴士：瓶制有机肥的注意事项

为减少肥料发酵时的臭味可同时投入一部分橘皮，一般一只 2.5 升的油瓶，放 3~4 个橘子的皮。橘皮可撕块或切细后放下。可利用鲜橘皮，也可用风干的陈橘皮。

制配时，不要装得太满，要留空隙。瓶盖不要拧得太紧，否则易因瓶内发酵，气体膨胀冲出瓶盖，造成臭气四溢的不堪后果。

瓶制有机肥在夏季发酵需 4~5 个月时间，一般经 1 年左右腐熟，其上层液体加水稀释即可浇花。

4. 修剪整形——让花姿更优美

修剪整形是养好花木的重要手段之一，既能防止枝叶徒长，有利于花芽分化和孕蕾，又能增强观赏价值。花卉的修剪整形主要包括摘心、疏枝、短截、抹芽、摘叶等。

摘心：常用于草本花卉幼苗。草花主茎摘除，有利促进侧芽的萌发，增加分枝数，达到植株矮化、枝多花多的目的，并且还能调整花期。摘心常应用于菊花、一串红、矮牵牛、万寿菊、心叶冰花等花卉。

剪枝：方式有两种，一种是将枝条基部疏除，称为疏枝。疏枝是剪除生长过密的枝条以及交叉枝、徒长枝、纤弱枝、病虫枝、枯枝，有利树体通风透光，增强植株生长势。另一种是将枝条剪短，称为短截。短截可以促使枝条的侧芽萌发，调整长势，有利开花结果。剪枝之前，首先应对该花卉的开花习性有充分的了解。凡是在当年生枝条上开花的花卉，如月季、石榴、扶桑、茉莉、栀子等，可行重剪，让其多抽枝、开花、挂果。在早春开花的迎春、杜鹃、梅花、碧桃、木兰等，它们的花芽是在前一年的枝条上形成的，早春发芽前不能修剪，以免剪掉花芽，影响开花；应于开花后1~2周内进行修剪，以促使萌发新梢。而五色梅、夜丁香等在春季进行花芽分化，入夏以后即能开花，应在秋末进行短截，使来年春季的新生枝条到夏季都能开花。

摘心

短截

除分枝外，多余的腋芽都要抹去　　　　　　及时摘除老黄叶

修剪要本着留外不留内、留直不留横的原则，剪去病枯枝、细弱枝、徒长枝、交叉枝、过密枝及影响株型的枝。剪口处的芽要留向外侧生长的，剪口不能离芽太近，否则易失水干枯，影响发芽。

抹芽：花卉生长期常发生一些不定芽，若任其生长，会消耗养分，扰乱树形，影响通风透光，因此需要在芽的萌发早期抹除。

摘叶：对一些观叶植物，如吊兰、万年青、一叶兰、马蹄莲等，应及时摘除部分老叶，以促发新叶。茉莉春季出室后，摘除老叶可促进多发新枝新叶，且长势旺，花蕾多。

5. 繁殖——传宗接代就这几招

家庭养花，自己繁殖新株、新苗会更添养花乐趣，同时也能降低购买成本。常用的繁殖方法有播种、扦插、分株、压条与嫁接。但是由于压条和嫁接的专业性较强，所以家庭少量繁殖多采用比较简单的播种、扦插和分株分球法。

（1）播种

播种多用于草本花卉，尤其是一二年生的草花。它们发芽率高，生长快，播种后几个月就能开花。一些多年生草本花卉及木本花卉虽然也有种子，但不易发芽，且生长发育很慢，一般不用播种繁殖。

播种时间：春季开花的二年生草花在秋季播种。秋季开花的一年生草花在春季播种。

播种方式：有撒播和点（穴）播。撒播多用于小粒种子，播种要均匀，但不可过密。撒播后用筛过的细土覆盖，以埋住种子为宜。此法由于播种量大，因此实生苗也多，过于拥挤易造成徒长或发生病虫害。盆播时多用此法。

小粒种子采取撒播方式

点（穴）播多用于大粒种球。先将苗床整好，开穴，每穴播种若干粒，待出苗后根据需要确定苗数。一般每穴播种 1~3 粒，发芽后留 1 株生长健壮者，其余各株可移到他处或拔除。此法日光照射与空气流通最为充分，幼苗生长也最健壮。

大粒种子采取点播方式

播后养护：播种后浇一次透水，此后保持土壤湿润。20~25℃最适合发芽，一般 3~10 天即可出苗。若播种时气温较低，则应覆盖薄膜保温。出苗后，长到 2~4 片真叶时，即应移栽到育苗钵中。

（2）扦插

扦插是截取枝条的一部分，插入疏松润湿的土壤或细沙中，利用其再生能力，使之生根，抽枝发芽，长成新植株。多数温室草本花卉及木本花卉均以扦插繁殖为主。

扦插基质：除了水插外，插条均要插入一定基质中。基质的种类很多，有园土、培养土、山黄泥、兰花泥、砻糠灰、

截取需要的枝条

蛭石、河沙等。它们渗水性好，有一定的保水能力，升温容易，保温良好。对于较粗放的花卉，一般插入园土或培养土中，喜酸性土的花卉可插入山黄泥或兰花泥，生根较难的花卉则宜插在砻糠灰、蛭石或河沙中。插条在未生根之前不能吸收养分，因此基质中不需要任何养分。

将枝条插入素土中

插条处理：一般扦插应在剪取插条后立即进行，尤其是叶插，以免叶子萎蔫，影响生根。但仙人掌等肉质植物的插条，剪取后应放在通风处晾一周左右，待剪口处略有干缩时再扦插，否则容易腐烂。含水分较多的花卉植株插条，如洋绣

扦插后要注意养护

球、毛叶秋海棠等，在插条下蘸一些草木灰，可防止扦插后腐烂。用白糖水溶液处理插条会更容易生根。白糖水的使用浓度为：草本花卉 2%~5%，木本花卉 5%~10%。将插条基部 2 厘米浸入白糖水中，24 小时后取出，再用清水将插条外部糖液冲洗干净后扦插。

> **小贴士：**
>
> 　　月季、绿萝、长寿花、吊兰等繁殖，可以剪取成熟枝条泡在清水中水培，等出根后就可以直接栽入盆中养护。

扦插方法：作为扦插的母本，要求具备品种优良、生长旺盛、无病虫危害等条件。生长衰老的植株不宜选作采条母体。在同一植株上，插材要选择中上部、向阳充实的枝条，且以节间较短、芽头饱满、枝叶粗壮者为佳。

枝插分为硬枝扦插和嫩枝扦插。环境条件适宜时，枝插很容易发根，快者

4~5 天，一般 10 天左右。15~30 天即可成苗。

硬枝扦插多用于落叶花木类，如月季、贴梗海棠、紫薇、木槿等，春季和秋季均可进行，春季应在叶芽即将萌动时进行。具体步骤如下：选取树冠中上部芽饱满、发育充实、无病虫害的一二年生枝条的中上部作为插条，剪取长度为 10~18 厘米、至少带 2~3 个芽的插条，离上芽 1 厘米处平截，在下芽处斜截。常绿花卉扦插带 2~3 片叶，叶大可剪去 1/3，以减少水分蒸发。扦插深度为插条的 1/3~1/2。插好后用手指在插条四周压紧，不留空隙，否则插条基部与基质接触不严易干枯，然后浇 1 次透水。

大部分草本花卉及部分木本花卉采用嫩枝扦插繁殖，一般在春秋季进行，在温室内全年均可进行。扦插枝条应选用当年生、发育充实而未木质化的枝条。具体步骤如下：切取生长健壮的当年生枝条 5~10 厘米，带 3~4 个芽。剪去插穗下部叶片，保留顶部的 1 叶 1 芽，若不是顶端枝条，则保留 3~4 片叶，下切口要斜切。扦插深度为插条的 1/3~1/2。插好后用手指在插条四周压紧，不留空隙，然后浇 1 次透水。

插后管理：扦插后要加强管理，为插条创造良好的生根条件。一般花卉插条生根要求扦插土壤湿润且空气流通，可以在扦插盆上或畦上盖玻璃板或塑料薄膜制成的罩子，以保持温度和湿度。罩子下面垫上小砖，使空气流入。夏季和初秋白天应将扦插盆放在遮阴处，晚上放于露天处。早春、晚秋和冬季温度不够时，则可放在暖处或温室中，但必须注意温度和湿度的调节。

扦插初期密闭遮阴，以后根据插条生根的快慢，逐步加强光照。先要早晚见光，只在中午阳光直射的情况下遮阴，直到生根为止。

为了保证插床上较高的空气湿度，初期每天应喷水 3~4 次。多肉植物则仅在过于干燥或插穗稍呈干瘪现象时才稍加喷水。当插条已形成愈合组织后，应减少插床喷水次数，并注意勿使土壤过分潮湿，否则会引起腐烂。同时注意通风换气，以促使插条迅速发根生长。

（3）分株与分球

分株繁殖就是将植物的根、茎基部长出的小分枝与母株相连的地方切断，

然后分别栽植，使之长成独立的新植
株。分株繁殖的时间随花卉的种类
而异，多以春季为宜。分株由于具
有完整的根、茎、叶，故成活率很高，
但繁殖的数量有限。分蘖力较强的
植物种类常用此法繁殖。下面介绍
几种常见花卉的分株繁殖方法。

分株

球茎类的分球繁殖：球茎类花
卉茎缩短肥厚，成为扁球状或球状，如唐菖蒲、郁金香、香雪兰、晚香玉等。
将球茎鳞茎上的自然分生小球进行分栽，可培育新植株。一般很小的子球第一
年不能开花，第二年才开花。母球因生长力的衰退可逐年淘汰。可根据挖球及
种植的时间来定分球繁殖季节，在挖掘球根后，将太小的球分开，置于通风处，
使其通过休眠以后再栽种。

宿根花卉分株繁殖：丛生的宿根花卉在种植三四年，或盆植两三年后，因
株丛过大，可在春、秋两季分株繁殖。挖出或结合翻盆，宿根花卉根系多处自
然分开，一般分成2~3丛，每丛有2~3个主枝，再单独栽植，如萱草、鸢尾、
春兰等。芦荟、仙人球等多肉植物，也多半通过剥离母株上的子株单独栽植来
进行繁殖。

> **小贴士：花卉如何选种、留种与保存？**
>
> 　　选种一般选取健壮、花朵具有明显本品种特征、花大色艳的植株作为留
> 种株。然后选取种株上最先开的花作为种花，因为先开的花比晚开的花能产
> 生更好的种子后代，如花期早、花朵大、花色艳等。比如鸡冠花以中央花序
> 的中下部产生的种子为佳，金鱼草总状花序中下部的种子结实率高。还有百
> 日草、千日红、半枝莲、紫茉莉等也是如此。
>
> 　　翠菊、万寿菊、矢车菊等菊类花卉，着生在花盘边缘的种子，最能保持
> 其优良性状。花盘中心所结的种子籽粒不壮，优良性状不理想，不宜留种使用。
>
> 　　草本花卉由于极易出现天然杂交现象，因此在花期要注意品种的隔离措
> 施，以免产生变异。
>
> 　　花谢后，当种子成熟干枯即可摘下或剥落，收获种子。大多数花卉的种

子都可以用干藏法保存，即将种子晾干，剔除其他杂质，装入纱布缝制的袋内。注意不要装入玻璃瓶或塑料袋内，因容器不透气会影响种子呼吸。种子袋可挂在室内阴凉通风处，室温保持在5~10℃即可。牡丹、芍药等种子，采收后放于0~5℃的低温湿沙内。这类种子在自然条件下有一段休眠期，经过休眠而成熟，在播前1个月从沙中拿出。有些种子采收后应泡在水里，如睡莲等。水温一般要求在5℃左右，低于0℃时种子会受到冻害影响出芽。

收获的种子

　　各类种子均不宜在阳光下暴晒，否则会影响其发芽率。

6. 病害——发现病害不要慌

　　花卉病害分为生理性病害和侵染性病害两大类。生理性病害是由于不适宜的环境条件引起的，如水分过多或不足，光照过强或不足，温度过高或过低，以及烟尘、有害气体污染等。侵染性病害是由于受到真菌、细菌、病毒、线虫等入侵而患病，其中以真菌感染的病害最常见。

（1）生理性病害

　　对于环境条件不良引起的生理性病害，只要及时地改善、救治，加强管理，植株一般会恢复正常。花卉常见的生理性病害有以下几种。

　　①枝条纤细，节间较长，叶片

日灼

瘦弱，颜色淡绿。这是光照不足造成的。对此，应增加日照时间或将光源移近。

②植株叶片卷曲、黄边，新生叶片长不大。这是光照过多造成的。对此，应适当遮阴或将光源移远。

③叶片出现黄褐色斑点，叶尖、叶缘枯黄。这是日光灼伤造成的。对此，应适当遮阴，防止日光直射。

④叶片皱缩，植株下部叶片脱落。这是缺水引起的。对此，应及时浇水，每次浇应浇透，要使盆土全部湿润。

⑤枝叶萎蔫，颜色变暗且逐渐霉烂。这是浇水过多造成的。对此，应适当控制浇水量和浇水次数，尤其是在休眠期更要注意。还要经常检查盆底排水孔是否堵塞。

⑥叶片卷皱，呈黄褐色。这是湿度不足造成的。除多向叶面喷雾外，还应在盆花四周地面多洒水。

⑦叶片发黄、卷曲、枯萎。这是温度过高所致。对此，应将花盆移至清凉通风处，或多洒水、喷水。

⑧植株孕蕾少，不开花只徒长枝叶。这是氮肥过多造成的。应减少施氮肥，尤其在孕蕾期间忌用氮肥，可多施磷钾肥。

⑨新叶和茎不长，植株下部叶片下垂，叶色发淡。这是缺肥的原因。对此，应在生长季节，增加施肥数量和次数。

⑩盆内布满外露根须，盆底排水孔也有根须钻出，新叶少而小。这是多年未换盆或花盆过小所致。应立即换较大的花盆。

（2）真菌性病害

这是花卉病害中最常见的一类。真菌性病害一般都具有明显的病症，如粉状物（白粉等）、霉状物（黑霉、灰霉、青霉、绿霉等）、锈状物、颗粒状物、丝状物、核状物等。在花卉中，分布广、危害重的真菌性病害有以下几种。

白粉病

①白粉病：病菌附生在嫩芽、嫩叶、花蕾和花梗上，发病初期受害部位出现褪绿斑点，以后逐渐变成白色粉斑，如覆盖着一层白色粉状物，后期病斑变成灰色。受害叶和茎梢卷曲萎缩、畸形，花小而少或不能正常开放。温室内最易发生蔓延。

②炭疽病：主要危害叶片，也会危害幼嫩的茎梢、花蕾、果实等部位。大多数花卉受病菌侵染后，从叶尖和边缘开始发病，在叶面上出现近圆形病斑。病斑边缘多呈暗褐色，中央为淡褐色或灰白色，后期病斑上有黑色小点，常排列成轮纹状，发病严重时叶片枯死。

③灰霉病：主要危害叶、茎、花和果实等部位。寄主不同，被害部位和程度也不同。一般刚发病时出现水渍状斑点，以后逐渐扩大，变成褐色或紫褐色病斑。天气潮湿时病斑上长出灰色茸毛状物，发病严重时整枝死亡。

④黑斑病：首先侵入下部叶片，然后迅速向上蔓延。受害叶片先出现黑色斑点，以后逐渐扩大成圆形、椭圆形，接连成片。病叶萎黄、脱落。通常在7、8月雨季发病较迅猛。

⑤褐斑病：受害植株叶片上出现近圆形黑褐色或褐色病斑，严重时造成大量焦叶。

⑥幼苗立枯病：幼苗期病害，表现症状为腐烂、猝倒、立枯等，以幼苗出土20天内受害最重。

褐斑病

⑦锈病：受害多为蔷薇科花卉及香石竹，主要危害叶、茎和芽。感病叶片两面出现橘黄色疤状突起，破裂后有橘红色（夏孢子）或栗褐色（秋冬孢子）粉末撒出。

（3）细菌性病害

由细菌侵染花卉引起的病害称为细菌性病害，引起花卉腐烂、坏死、肿瘤、畸形和萎蔫等。其主要表现特征是受害组织呈水渍状，在潮湿条件下常从发病部位向外溢出细菌黏液，出现"溢脓"现象。这是识别细菌病害的重要依据之一。花卉常见的细菌性病害有以下几种。

①软腐病：一般多危害根茎、球茎、鳞茎、块根等营养器官，也有的危害叶片或茎部。受害部位最初通常呈水渍状，后变为褐色，最后变为黏滑软腐状。在湿度较大的条件下，变成腐臭的浆状物；在干燥情况下，病部失水呈粉状干瘪。

②根瘤病：病菌多侵染根须部，形成不规则的肿瘤，初期呈淡褐色，表面粗糙，柔软或呈海绵状，后期颜色变深，内部组织木质化，成为坚硬的瘤状物，发病严重时导致整株死亡。

③细菌性穿孔病：发病初期叶片上出现淡褐色水渍状、近圆形或不规则形病斑，周围有淡黄色晕圈，以后病斑不断扩大，变成深褐色或紫褐色，病斑边缘木质化，引发穿孔。

（4）病毒病

由病毒侵染花卉引起的病害称为病毒病。病毒寄生于花卉活细胞组织内，常引起寄主植物出现花叶、环斑、畸形、变色、坏死等症状，其中以花叶类型最为普遍。花叶病毒病表现为叶片色泽浓淡不均，形成深绿与浅绿相间的症状，这是花卉上最常见的一种病毒病。

病毒病危害重，防治难。到目前为止，国内外还未找到彻底而有效地防治病毒病的方法，因而在防治上应采取以预防为主的多种措施，如选用抗病或耐病品种；铲除杂草，杀灭传毒昆虫，减少病毒的侵染来源；加强栽培管理，注意通风透光，合理施肥与浇水，促进植株生长健壮。若发现病株，应及时拔除并烧毁。

7. 虫害——遇见虫害也不可怕

植株本身都带有虫卵或害虫，当花卉在不良的环境条件下生长时，其生长势弱，缺乏抵抗能力，因此很容易被侵害。

花卉的虫害以预防为主，一旦发现感染，要及时采取防治措施，首先要把植株上有严重虫害的枝条或叶子剪掉，以切断传染源。然后采用适当的药剂喷洒在植株上，杀灭害虫。受害植株不要放在强光、高温环境下，最好把植株移到阴暗处，保持合适的温度。同时应减少浇水量，更不能施肥。经过一段时间的精心管理，直到植株重新长出新枝叶，表现出完全复原的迹象，再进行正常的养护管理。常见的虫害及其症状有以下几种。

①蚜虫：一种青黄色小虫，其形态上最大的特点是在腹部左右两侧各有一根腹管，以此刺入植物体内吸吮汁液。蚜虫是许多病毒病的传播者，而且一年可繁殖 10 代以上，对植物危害极大。

②红蜘蛛：一种红色小虫，形如蜘蛛，有 8 只脚，人用肉眼能看到。红蜘蛛危害多种花卉，利用刺吸口器吸取植物汁液，造成叶片出现黄白色小斑点，以致扩散到全叶。

介壳虫

③介壳虫：种类很多，体长 5~6 毫米，躯体外包有白色介壳，或全身披白色纤毛状蜡质分泌物（蜡壳），也有呈黄褐、红、紫等色。虫体小，数量极多。它固定在花卉的叶、茎、花蕾等某一部分，用口器吮吸花卉的汁液，同时还能排出糖质黏液，导致很多病害，严重时导致植株死亡。

④粉虱：又称飞虱。其形体小，会飞，身体白色或红色，双翅被有白色粉，故又称"小白虱"。粉虱由卵孵化后，幼虫、成虫都用口器吸食植物体的汁液。

⑤刺蛾：俗称洋辣子。此虫种类多，分布广，一年繁殖两代，幼虫只食叶肉，残留叶脉，叶片被啃食成网状。幼虫长大后，将叶片吃成缺刻，仅留主脉和叶柄。

⑥袋蛾：俗称布袋虫、皮虫。幼虫乳白色，吐丝做囊，身居其中，囊上有丝，随风移动危害。幼虫在囊内越冬，翌年春天羽化成虫，卵产于囊中，孵化后继续吃叶危害，6~8 月危害最严重。

灰蝶

⑦卷叶蛾：幼虫卷叶危害，躲在其中咬食叶片。幼虫绿色，受惊即行吐丝下垂，一年繁殖2~3代。

⑧金龟子：分布广，食性杂，成虫咬食叶片。其幼虫称蛴螬，为地下害虫。

⑨蛀干害虫：有天牛、木蠹蛾、吉丁虫、茎蜂、大丽花螟蛾等。

⑩地下害虫：对花卉危害较严重的有蝼蛄、蛴螬、地老虎、金针虫、大蟋蟀、种蝇、根结线虫幼虫等。地下害虫长期潜伏在土中，食性很杂，能危害多种花卉的种子、幼根、幼苗、嫩茎，造成严重损失。大多数地下害虫危害期多集中在春、秋两季，但以4~5月份危害最大。

第三章 木本观花植物

四时常开——

月季

- 科属：蔷薇科蔷薇属
- 别名：月月红、胜春
- 花期：4~11月

观赏特性： 花色有红、黄、白、粉、橙及复色，花容秀美，千姿百态，芳香馥郁，四时常开，深受人们的喜爱，是我国十大名花之一。

习　　性： 喜温暖、阳光充足的环境，生长适温 15~25℃。冬季温度低于 -5℃，进入休眠期；夏季持续 30℃以上高温，进入半休眠状态。

选购要领： 要求植株矮壮，枝叶繁茂。普通品种株高不超过 40 厘米，微型品种株高不超过 25 厘米。花蕾要多，有花朵初开，花色鲜艳。

摆放位置： 适宜阳台、窗台等阳光充足和通风的地方。

净化功能： 吸收空气中的氯气、氟化氢等有害气体，其分泌的挥发性油类可以抑制白喉、结核、痢疾病原体和伤寒病菌的发生。

- 选盆：直径 20~30 厘米盆。

- 土壤：富含有机质、排水良好的微酸性沙壤土。

- 水分：见干见湿，冬季 10 天浇水 1 次，春秋季 4~5 天浇水 1 次，夏季 2~3 天浇水 1 次。

- 施肥：喜肥，施肥次数要多而及时。一般移植或换盆的月季，最好拌以 1/4 砻糠灰或少许蚕豆壳、豆饼或鸡鸽粪等，使月季不断地从土中吸收氮磷钾等各种营养元素。5 月后是月季的生长旺季，每隔 10 天要施追肥 1 次，可用腐熟发酵的畜禽脏汁、菜叶汁，以 3 份肥、7 份水的比例拌匀施入，到 11 月停止施肥。

- 修剪：从 5 月开始，每开完 1 次花，就剪掉开过花的那根枝条的 1/2，以促进花芽再生。如要花朵开得大，也可在花蕾多时摘去一部分，既可使营养集中，又能达到延长花期和分批开放的目的。每年 12 月后，月季叶落时要进行 1 次大剪，主枝上的 2~3 根侧枝约留 15 厘米。

- 繁殖方法：大多采用扦插繁殖法，一年四季均可进行，但以冬季或秋季的硬枝扦插为宜。夏季的绿枝扦插要注意水的管理和温度的控制，否则不易生根。冬季扦插一般在温室或大棚内进行，如露地扦插要注意增加保温措施。

- 病虫害防治：常发生白粉病和黑斑病。白粉病用 70% 甲基硫菌灵可湿性粉剂 600 倍液喷洒，黑斑病则要在冬季剪除病枝，清除落叶。虫害常见蚜虫、刺蛾，用 10% 吡虫啉可湿性粉剂 1000 倍液喷杀。

互动小问答:

问: 月季的叶子发黄掉落是什么原因?

答: 造成月季叶子发黄的原因较多,一般有浇水过多、光照不够、虫害等。根据实际情况找准原因,相应减少浇水量,增加通风透光和喷施药液,就能让月季的叶子恢复健康,重回绿意。

问: 藤本月季养护的要点是什么?

答: ①拓展空间,促进发育。用大型容器或花槽种植。②肥水得当,叶绿花艳。浇水应掌握干透浇透的原则。施肥须"薄肥勤施",快速生长期每隔半个月随水追施1次腐熟的厨余肥,肥料浓度不超过30%。③勤于修剪,花开不断。藤本月季的老藤逐年长粗,主藤一般不剪,主藤上的一级分支要注意引导,不要缠在一起,一级分支上的枝条一年至少需要修剪两次。第一次是在每年盛花期过后的6月中下旬,修剪掉刚刚开过花的枝条。第二次是在每年冬季来临之前,只保留尚在开花的少量枝条,其余统统剪掉。

旺家贴士: "只道花无十日红,此花无日不春风"是对月季最好的阐释。一朵花未谢,另一朵花又在枝头吐艳盛放,从春到冬,始终保持本色,淡定从容,象征着持之以恒、等待希望、美艳常新。月季尤其适合赠送给新婚或乔迁新居的亲友。

花团锦簇——

蔷薇

- 科属：蔷薇科蔷薇属
- 别名：蔓性蔷薇、野蔷薇
- 花期：4~5月

旺家贴士： 蔷薇代表爱情、爱的思念。红蔷薇代表热恋；粉蔷薇代表爱的誓言，执子之手，与子偕老；白蔷薇代表纯洁的爱情。蔷薇适合赠送给新婚夫妇，或爱人之间互赠。

观赏特性： 花色有红、粉、白、黄等，叶色翠绿饱满，花朵柔嫩可爱，娇艳欲滴。蔷薇盛开时花团锦簇，灿烂芬芳，蔚为壮观。

习　　性： 喜温暖，多数品种最适温度白昼为15~26℃，夜间为10~15℃。较耐寒，冬季气温低于5℃即进入休眠。如夏季高温持续30℃以上，则进入半休眠状态。

选购要领： 要求植株矮壮，枝叶繁茂。花蕾要多，有花朵初开，花色鲜艳。

摆放位置： 适宜摆放在客厅靠窗位置或阳台。蔷薇性喜攀缘，还可用于垂直绿化，如布置花墙、花廊、花屏、花架、花格、花柱等。

净化功能： 蔷薇能在夜晚吸收空气中的二氧化碳，释放出氧气。

- 选盆：直径 20~30 厘米盆。

- 土壤：富含有机质、排水良好的微酸性沙壤土。

- 水分：耐干旱。从早春萌芽开始至开花期间，可根据天气情况酌情浇水 3~4 次，保持土壤湿润。若此时受旱会使开花数量大大减少。夏季干旱时需再浇水 2~3 次。怕水涝，水涝容易烂根，雨季要注意及时排水防涝。秋季再酌情浇 2~3 次水。若是盆栽蔷薇，则要适当增加浇水次数。

- 施肥：较耐贫瘠。孕蕾期施 1~2 次稀薄饼肥水，则花色好，花期持久。植株蔓生越长，开花越多，则需要的养分越多，每年冬季需培土施肥 1 次，可保持来年嫩枝及花芽繁茂，花色艳丽。

- 修剪：修剪是蔷薇造景整形中不可缺少的重要工序，修剪不善则长成刺蓬一堆，参差不齐，不仅病虫害多，外形还不雅观。一般成株于每年春季萌动前进行 1 次修剪。修剪量要适中，一般可将主枝保留在 1.5 米以内的长度，其余部分剪除。每个侧枝保留基部 3~5 个芽便可。同时，将枯枝、细弱枝及病虫枝疏除，并将过老过密的枝条剪掉，促使萌发新枝，则可年年开花繁茂。培育作盆花，更要注意修枝整形。

- 繁殖方法：一般采取扦插法繁殖。扦插用半硬枝或硬枝均可。半硬枝扦插多在春季剪取生长健壮的当年生枝条作插穗，约半个月生根，当年秋季可移植于永久种植地或盆栽越冬，也可以植于苗圃，1 年后再出苗圃定植。硬枝扦插是用一年生壮枝作插穗，气候温和的地区可以秋天扦插。

- 病虫害防治：常发生白粉病和黑斑病。白粉病用 70％ 甲基硫菌灵可湿性粉剂 600 倍液喷洒，黑斑病则要在冬季剪除病枝，清除落叶。虫害常见蚜虫、刺蛾，用 10％ 吡虫啉可湿性粉剂 1000 倍液喷杀。

互动小问答：

问：蔷薇为什么花朵变小，花量变少，颜色变淡？

答：蔷薇属喜光花卉，光照不足会造成上述现象。要加强修剪，增强光照，同时加强肥水供应。

花香四溢——

金银花

- 科属：忍冬科忍冬属
- 别名：双花、二宝花、忍冬花、金钗股、老翁须
- 花期：二季品种4~6月，四季品种4~12月

观赏特性： 金银花是著名的庭院花卉，花叶俱美，常绿不凋，花初开为白色，后转为黄色，因此得名金银花。亦有花朵外侧为红色的品种，每年只开一季花。

习　　性： 金银花喜温暖、较耐寒，对温度适应范围很广，冬季在 -15℃以上可安全越冬，春季当气温 5℃以上时开始萌芽展叶，夏季 20~30℃时新梢生长最快。

选购要领： 要求植株矮壮，枝叶繁茂。花蕾要多，有花朵初开，花香浓郁。

摆放位置： 适宜作篱笆、阳台、绿廊、花架、凉棚等垂直绿化的材料，还可以盆栽。若同时再配植一些色彩鲜艳的花卉，则浓妆淡抹，相得益彰，别具一番情趣。

净化功能： 金银花气味芳香，能提神醒脑，净化污浊空气。

新手养花零失败

64

旺家贴士： 金银花总是两朵并开，是名副其实的"守望爱情之花"，象征着成双成对、比翼双飞。金银花还是白羊座的守护花。赠送亲友金银花意在祝福对方夫妻和睦、家庭幸福。

- 选盆：直径 25~40 厘米盆。

- 土壤：肥沃、深厚的沙壤土最佳。

- 水分：喜湿润，同时抗旱能力极强，在土壤水分条件适宜时，植株生长旺盛，冠幅大，花朵多。土壤水分过大时，叶片易发黄脱落。一般春秋季 7 天浇水 1 次，夏季 2 天浇水 1 次。冬季可酌情浇水。

- 施肥：冬季可在金银花旁边埋一些干禽粪或厩肥、饼肥，这是一年的底肥。注意肥不要接触到金银花的根部。每次现花蕾后，喷 1~2 次磷酸二氢钾，如果要采摘花朵饮用，则不要喷洒。每次修剪后，施 1 次较浓的液体肥。

- 修剪：金银花是在新枝上开花，因此修剪尤其重要。每年春季要大剪 1 次，每一阵花后要小剪，整个花期要小剪 2~3 次；越冬前要大剪 1 次，仅保留少量主要枝条并短截。

- 繁殖方法：一般采取扦插法繁殖。每年 4~5 月，选 1~2 年生无病虫害、开花多的壮旺枝条，剪成 10~15 厘米长的小节，每节至少有 3~5 个芽。剪去下部叶片，上部留 2~3 片叶子，按 5~10 厘米间距均匀地斜插入沟内，深度约 5 厘米。插后立即浇透水，覆盖遮盖物，每 2~3 天浇 1 次水，使土壤湿润，但不积水，半个月后即可生根发芽。成活后当年深秋或翌年春季移栽。

- 病虫害防治：常发生白粉病，可喷施 50％多菌灵可湿性粉剂 500 倍液。发生黑斑病则在冬季剪除病枝，清除落叶。虫害常见红蜘蛛，用 20％双甲脒乳油 1000~1500 倍液喷杀。

互动小问答：

问：金银花如何食用？

答：金银花晒干后泡茶，有清热解毒之功效。采摘未开放、颜色略青的花朵食用最佳。食用的金银花尽量不要喷施农药和化肥，可通过科学施肥，少施氮肥，多施磷钾肥，增强自身抗病力，同时进行合理、适时的修剪整形，改善通透性，预防病虫害。

红红火火——

凌霄

科属：紫葳科凌霄属

别名：藤萝花、紫葳花

花期：5~10月

> **旺家贴士：** 凌霄花的花语是敬佩和声誉、慈母之爱，常与冬青、樱草放在一起，结成花束赠送给母亲，表达对母亲的热爱之情。多适合送给母亲、老师及其他长辈。

观赏特性： 花色有红、橙、黄，朵形美观。夏秋开花，花期很长。每年盛开之时，绿叶满墙，花枝伸展，一簇簇橘红色的喇叭形花，缀于枝头，迎风飘舞。

习　　性： 喜温暖，适宜生长温度 20~25℃，低于 15℃叶子变黄，不开花。冬季长江流域及华南地区可露地越冬，北方需要搬入室内或进行保温处理。

选购要领： 要求植株矮壮，枝叶繁茂。分枝多且壮实，叶色碧绿。开花者以花大色艳为佳。

摆放位置： 凌霄花可攀缘于山石、墙面或树干向上生长，多植于墙根、篱笆旁、阳台围栏边。

净化功能： 能吸收空气中的二氧化碳。

- 选盆：直径 40~50 厘米大盆或地栽。

- 土壤：对土壤要求不严，沙壤土、黏壤土均能生长。

- 水分：花期要保持一定的湿度，浇水以见干见湿为原则，盆土不宜过干，也不宜过湿。冬季严格控制浇水。

- 施肥：喜肥，春季发芽后，一般需每个月施 1~2 次液肥，开花之前施一些复合肥、堆肥，并进行适当灌溉，使植株生长旺盛、开花茂密。

- 修剪：在植株萌芽前，应对枝条进行修剪，剪去细弱枝、过密枝、交叉重叠枝及干枯枝，使枝条分布均匀，通风透光，才能枝繁叶茂。凌霄花生长期需设立支架或攀缘物，以使枝条攀缘其上生长。

- 繁殖方法：一般采取扦插法繁殖。扦插可在春季或雨季进行，华北地区适宜在 7~8 月进行。截取较坚实、粗壮的枝条，每段长 10~15 厘米，扦插于砂床，并用玻璃覆盖，以保持足够的温度和湿度。一般温度在 23~28℃，插后 20 天即可生根，到翌年春即可移入大田或花盆中。南方温暖地区，可在春天将当年的新枝剪下，直接插入地边，即可生根成活。

- 病虫害防治：常发生灰霉病和白粉病。灰霉病可喷洒 65％代森锌或者多菌灵可湿性粉剂，白粉病可用 15％三唑酮可湿性粉剂 2500 倍液喷洒。虫害常见蚜虫，可用 10％吡虫啉可湿性粉剂 1000 倍液喷杀。

互动小问答：

问：凌霄为什么不开花？

答：凌霄开花需要一定的苗龄，一般用扦插法种植的，需要 3~5 年。其次，还需要较强的光照，最好保证每天有 8~10 个小时的阳光照射。春季修剪时注意保留新芽，顶端新芽才会开花。凌霄喜肥，花期要保证充足的水肥并经常追肥。

花中西施——

杜鹃

科属：杜鹃花科杜鹃花属

别名：映山红、满山红、山踯躅、山石榴

花期：3~5月

观赏特性： 花色有红、粉、紫、白、黄等多种，花瓣有单瓣和重瓣之分，鲜艳夺目，似蝴蝶翻飞起舞。

习　　性： 喜凉爽、湿润和阳光适宜的环境，耐半阴。生长适温15~28℃，温度不宜过低，否则会出现冻害。

选购要领： 盆栽要以植株矮壮、树冠匀称、枝条粗壮，叶色深绿有光泽、无缺损，花苞多而饱满、有花初开者为宜。

摆放位置： 夏季一定要摆在客厅或居室阴凉处，春秋季可放在半阴、有明亮散射光处，冬季和初春宜晒太阳。

净化功能： 对二氧化硫、臭氧等气体的抗性和吸收能力较强。

- 选盆：直径 20~30 厘米盆。

- 土壤：富含腐殖质、疏松、pH5.5~6.5 之间的酸性土壤。

- 水分：杜鹃性喜阴湿，不宜过干。春天一般每隔两天在上午适量浇水 1 次。花期需水量较大，一般应在每天早晨或傍晚浇水 1 次。夏季高温干燥季节，早晚各浇水 1 次，水量不宜过多，并在中午于叶面和地面喷水，以保持湿润的环境。秋季一般隔日清晨浇水 1 次，保持湿润即可。冬季杜鹃已进入休眠期，一般每隔 4~5 天浇水 1 次，宜在晴暖天中午前后进行。

- 施肥：较喜肥，要求薄肥勤施。一般采用饼肥、鱼粉、蚕豆等经过腐烂后掺水浇灌，忌用人粪尿。早春至花蕾吐花前，每隔 10 天施 1 次薄肥，浓度为 15%，共施 2~3 次，促使老叶转绿，萌发新根。花期一般不施肥。花谢后，为了促使发枝长叶，可在 5 月中旬至 7 月上旬施肥 5~6 次。如连续下雨，可施干肥。冬季停止施肥。

- 修剪：2~4 年杜鹃苗，为了加速形成骨架，常摘去花蕾，并经常摘心，促使侧枝萌发。长成大棵后，一般任其自然生长，只在花后进行整形，主要是剪除徒长枝、病弱枝、畸形枝、损伤枝。修剪后给伤口涂抹保护剂，使伤口快速愈合。

- 繁殖方法：一般采取扦插法繁殖。扦插的时间在春季（5 月）和秋季（10 月）最好。扦插时，选用当年生半木质化发育健壮的枝梢作插穗，带节切取 6~10 厘米，切口要求平滑整齐，剪除下部叶片，只留顶端 3~4 片小叶。扦插前将枝条在维生素 B_{12} 注射液中蘸一下，插的深度为 3~4 厘米。插后用手将土压实，然后浇 1 次透水。每天喷水，保持土壤湿润。一般约 2 个月生根。

- 病虫害防治：常见叶斑病，可在花后 5~8 月，每隔 2 周喷施 1 次 70% 甲基硫菌灵可湿性粉剂 1000 倍液加以预防。虫害有红蜘蛛、军配虫，可用 10% 吡虫啉可湿性粉剂 1000 倍液喷杀。

旺家贴士：杜鹃在我国是寓意吉祥美好的花卉，在节日和喜庆时常用来装饰公共场所，表达颂扬祖国繁荣昌盛之意。给朋友赠送杜鹃，寓意鹏程万里。远游的人们互赠杜鹃，表达思乡、怀乡之情。

互动小问答：

问：杜鹃花谢之后如何养护？

答：一要摘除残花；二要修剪枝条，将过长、瘦弱、不美观的枝条都修剪掉；三要翻盆施肥，花谢之后要进行翻盆，换上新的土壤。每隔10天追施1次肥料，主要多施氮肥；四要适当光照，花谢后放在露天处养护，夏季中午可适当遮阴。初冬天气转冷时移到靠南的窗台上养护，使其多接受阳光照射。

高贵典雅——

茶花

科属：山茶科山茶属

别名：山茶花、耐冬花、海石榴、曼陀罗、玉茗花

花期：10月至翌年5月

观赏特性： 花色有红、粉、白、黄及复色，植株形姿优美，叶浓绿有光泽，花粉嫩可爱，低调而奢华。

习　　性： 生长适温为18~25℃，温度达12℃以上时开始萌芽，开花适温为10~20℃。不耐酷暑，30℃以上停止生长，35℃时叶子会有焦灼现象，所以一般气温超过32℃时应采取遮阴、喷水、喷雾等措施降温。大部分品种可耐-8℃低温。

选购要领： 要求植株矮壮，枝叶繁茂，叶片肥厚有光泽。花蕾要多，有花朵初开，花色鲜艳。

摆放位置： 可地栽于庭院、花坛内，也可盆栽于阳台、天台等地。花期摆放在室内，美观大方。

净化功能： 吸附空气中的尘埃与杂质，还能有效降低噪音。

旺家贴士：茶花是我国传统的十大名花，象征着可爱、谦让、高洁、了不起的魅力。送女性、爱人，能表达出送花人默默的爱；送长辈、老师，能表达尊敬、爱戴之意。

- 选盆：直径 30~50 厘米大盆。

- 土壤：肥沃、排水良好的沙壤上或腐叶土。

- 水分：茶花对水质要求较高，中性和碱性水均不利其生长。北方尤其要注意将碱性水经过酸化处理后才可浇花，具体办法是将淘米水贮放 2 天，使水中的氯气挥发掉，再加入 0.5％ 的硫酸亚铁。浇水量不可过大，否则易烂根。盆土也不能干，否则易使根失水萎缩，以保持盆土和周围环境湿润为宜。花期勿喷水。冬季浇水要视室内温度而定，一般 3 天左右浇水 1 次，保持盆土湿润，忌积水或浇半截水。

- 施肥：茶花喜肥。一般在上盆或换盆时在盆底施足基肥。追肥以稀薄矾肥水为好，忌施浓肥。一般春季萌芽后，每半个月施 1 次薄肥水，夏季施磷钾肥，初秋可停肥 1 个月左右，花前再施矾肥水，花初开时再施速效磷钾肥，使花大色艳，花期长。为避免氮肥过多引起花蕾焦枯，开花后可少施或不施肥。

- 修剪：地栽茶花主要剪去干枯枝、病弱枝、交叉枝、过密枝、明显影响树形的枝条，以及疏去多余的花蕾。盆栽茶花除以上工作外，还应根据个人喜好进行整形修剪，但不宜重剪。

- 繁殖方法：茶花的繁殖方法有很多，其中扦插法最为简便。扦插时间以 9 月最为适宜，春季亦可。选择生长良好、半木质化枝条，除去基部叶片，保留上部 3 片叶，用利刀切成斜口，并立即将切口浸入生根粉 5~15 分钟，晾干后插入蛭石盆或沙盆。插

后浇水，40 天左右伤口愈合，60 天左右生根。

● 病虫害防治：常发生炭疽病和煤烟病。炭疽病初期用 65％代森锌可湿性粉剂 600 倍液喷洒，煤烟病喷 0.3 波美度石硫合剂，每隔 10~15 天喷 1 次，共喷 3 次。虫害有蚜虫、蛀茎虫，蚜虫用 10％吡虫啉可湿性粉剂 1000 倍液喷杀，蛀茎成虫羽化高峰期可用 10％吡虫啉可湿性粉剂 1000 倍液喷杀。

互动小问答：

问：茶花叶子变黄如何处理？

答：4~5 月份，茶花的一部分老叶会变黄脱落，这是正常的新陈代谢现象。其他时间段若有大量黄叶落叶，则要引起重视。若叶片瘦小发黄，可每个月施 1 次腐熟的豆饼水，若叶片皱缩变黄，则是缺水所致，要增加浇水次数，保持土壤湿润但不积水为好。

清纯高洁 ——

茉莉

科属：木樨科素馨属

别名：茉莉花、爱之花、母亲花

花期：5~10月

观赏特性： 茉莉叶色翠绿，花色洁白，能给人以清凉舒适的感受，且香味浓厚，素有"天下第一香"的美称，是一种很好的观赏性植物，大多作盆栽装饰室内，也可以种植在庭院，非常美观。

习　　性： 喜温暖、湿润和阳光充足环境。耐高温，怕干旱，喜强光。生长适温 25~35℃，冬季不低于 5℃。

选购要领： 植株矮壮，株高不超过 30 厘米，分枝多，枝条密集，叶片深绿，无黄叶。植株花枝多，花苞多，已有部分开花。

摆放位置： 摆放在阳光充足和通风的朝南、朝西阳台或庭院中。

净化功能： 有助于缓解高血压、呼吸系统疾病和神经衰弱者的病情。家中有中老年人可长期摆放。

- 选盆：直径 15~20 厘米盆，每年春季或花后换盆。

- 土壤：肥沃、排水良好的微酸性壤土。

- 水分：茉莉喜湿润，不耐旱，怕积水，喜透气。生长期保持土壤湿润，盛夏高温时每天早晚浇水，如空气干燥，需向茎叶喷水。冬季减少浇水。

- 施肥：以有机液肥为好，最好采用腐熟的人粪尿，或人粪尿掺鸡鸭粪、猪粪、豆饼、菜饼等（均要腐熟）。施肥以盆土刚白皮、盆壁周围土表刚出现小干裂缝时追施最适宜。当新梢开始萌发时，可用稀粪水（粪、水比为 1∶9）每隔 7 天浇 1 次。快开花时，可增加粪水浓度，每 3 天浇 1 次。待第二、三批花开放时，由于气温适宜，开花多，生长旺盛，可每 1~2 天追施 1 次。天气转凉后逐渐控制肥水，以免植株旺长，组织柔嫩，难以过冬。

- 修剪：每年盛花期须及时重剪更新。在春节发芽前可将枝条适当剪短，保留基部 10~15 厘米。如新枝生长很旺，应在生长达 10 厘米时摘心。修剪应在晴天进行，可结合疏叶，将病枝、弱枝去掉，并对株型加以调整。花后需重剪更新。

- 繁殖方法：茉莉以 3~6 年生苗开花最旺，以后逐年衰老，故要扦插更新植株。扦插 4~10 月均可进行，以夏季生根最快。剪取成熟的 1 年生枝条，长 8~10 厘米，去除下部叶片，插于沙床，插后 60 天生根。

- 病虫害防治：常见叶枯病、枯枝病和白绢病，可用 70％代森锰锌可湿性粉剂 600 倍液喷洒。虫害有卷叶蛾、红蜘蛛和介壳虫，可用 40％杀扑磷乳油 1000 倍液喷杀。

旺家贴士：茉莉素洁，花香浓郁、久远，具有清纯、贞洁、质朴、玲珑、迷人的含义。茉莉在爱情上代表纯洁真挚的爱，适合赠送给爱人。茉莉还表示尊敬、尊重，当有贵宾来访，好客的主人则将茉莉结成花环，挂在客人颈项上，表示尊重与友好，是一种热情好客的礼节。在婚礼等庄重场合，茉莉经常被使用在新娘捧花上。

互动小问答：

问：如何使茉莉花开得更好？

答：茉莉是喜光花卉，生长发育时须保证充足的光照，才能使叶色浓绿，枝条粗壮，开花多，着色好，香气浓。同时，要保证充足的肥水，薄肥勤施。花后要及时修剪，萌发新芽后顶端又会再度孕蕾开花。

芳香素雅——

栀子花

- 科属：茜草科栀子属
- 别名：栀子、黄栀子
- 花期：5~6月

观赏特性： 栀子花枝叶繁茂，叶四季常绿，花芳香素雅，绿叶白花，格外清丽可爱。

习　　性： 喜温，生长适温18~22℃，冬季放在室内，维持5℃以上的温度越冬，能耐短期的-10℃低温，低于-10℃则易受冻。喜阴凉，切忌烈日暴晒。

选购要领： 植株矮壮，分枝多，枝条密集，叶片深绿，无黄叶。植株花枝多，花苞多，已有部分开花。

摆放位置： 为庭院中优良的美化花卉，适于房前屋后、水池旁地栽，也可用作花篱、盆栽和盆景观赏。花还可做插花或佩带装饰。

净化功能： 净化空气，消除异味。

- 选盆：直径25~40厘米中盆或大盆。每隔1~2年，春季翻盆1次。
- 土壤：要求疏松、肥沃和酸性的沙壤土。
- 水分：栀子花喜湿润，春、夏和初秋要经常浇水和向植株及周围的地面洒水，以保持土壤、空气湿润，使植株生长旺盛。浇水最好用雨水或发酵过的淘米水。如果是自来水，要晾放2~3天后再使用。除正常浇水外，应经常用清水喷洒叶面及附近地面，适当增加空气湿度。还可经常用与室温相近的水冲洗枝叶，保持叶面洁净。大雨后要及时倒掉盆中的积水，以防烂根和叶黄脱落。

- 施肥：栀子花喜肥，但以多施薄肥为宜。春秋两季，栀子花生长缓慢，可每2~3周施1次薄液肥。入夏后，生长渐旺，可每7~10天施液肥1次。冬眠期不施肥。肥料可用沤熟的豆饼、麻酱渣、花生麸等，忌浓肥、生肥。种植不足3年的，忌施人粪尿。施氮肥过多会造成枝粗、叶大而浓绿，但不开花。每隔半月浇1次含0.2%的硫酸亚铁（黑矾）水或施1次矾肥水，可防止叶片发黄，还能使叶片油绿光亮，花朵肥大。

- 修剪：栀子萌芽力强，容易枝杈重叠，密不通风，营养分散。每年春季对植株修剪1次，剪去徒长枝、弱枝和其他影响株型的乱枝，可以保持株型优美，并促发新枝，使其多开花。整形时应根据树形选留3个主枝，要求随时剪除根蘖萌出的其他枝条。花期要及时疏花，以延长花期。花谢后枝条要及时截短，促使萌发新枝。新枝长出3节后进行摘心。

- 繁殖方法：常用扦插法繁殖。扦插分为春插（2月中下旬）和秋插（9月下旬至10月下旬）。插穗选用生长健壮的2~3年生枝条，截取10~12厘米长，剪去下部叶片，顶上两片叶子可保留并各剪去一半，先在维生素B_{12}注射液中蘸一下，然后斜插于插床中，上面只留一节，注意遮阴和保持一定湿度。一般1个月可生根，在空气相对湿度80%、20~24℃温度条件下约15天生根。待生根小苗开始生长时移栽或单株上盆，2年后可开花。

- 病虫害防治：常见斑枯病、黄化病。斑枯病要注意通风，及时将病叶摘除，并喷洒等量式波尔多液或代森锌溶液。黄化病可用硫酸亚铁溶液喷洒叶面或浇灌根部。虫害有红蜘蛛和介壳虫，红蜘蛛可用清水冲洗或用烟头泡水喷杀。介壳虫可喷洒30%毒死蜱微乳剂1000倍液。

旺家贴士： 栀子花象征着喜悦、守候和坚持。送新婚夫妇是对两位新人最美好的祝福。栀子花还被看做是吉祥如意、祥和瑞气的象征，是夏天馈赠亲朋好友的极佳花卉。

艳丽缤纷——

天竺葵

科属： 牻牛儿苗科天竺葵属

别名： 洋绣球、石蜡红

花期： 1~6月及10~12月

观赏特性： 花色有红、白、粉、黄及复色，花期长，适宜环境下花开不断，花色缤纷艳丽，群花密集如球，有小绣球之称。

习　　性： 喜温暖，不耐高温。生长适温为白天15℃左右，夜间不低于5℃。开花最适温度为15~20℃。冬季温度不低于5℃，低于5℃则叶片易黄，甚至掉落。生长期需要充足的阳光，秋冬季可在全日照或半日照下生长良好，夏季植株休眠或半休眠，叶片呈现老化状态，应置于半阴处。

选购要领： 株型美观，株高不超过30厘米，叶片绿色、紧凑、密集。植株花蕾多并有部分花朵已开放，花色鲜艳，双色、重瓣者为佳。

摆放位置： 刚买回的盆栽植株，须摆放在阳光充足、南向的窗台上。冬季一定要放入室内养护，温度在15~20℃则花开不断。

净化功能： 香气特殊，有玫瑰薄荷味、柠檬味、松脂味等味道，具有杀菌效用，夏季可提神醒脑。

旺家贴士： 天竺葵是代表着幸福的植物，花语是"幸福就在你身边"，适合赠送给朋友、爱人、家人。

- 选盆：直径 12~15 厘米盆。

- 土壤：适应性比较强，各种土质均能生长，以富含腐殖质的沙壤土生长最好。

- 水分：稍耐旱，怕积水，浇水要见干见湿。春秋两季阳光普照的日子每 1~2 天浇水 1 次，冬季每 5~7 天浇水 1 次，夏季应控制水分，3~5 天浇 1 次小水即可。

- 施肥：不喜大肥，肥料过多会使其生长过旺，不利开花。为使开花繁茂，每 1~2 个星期浇 1 次稀薄农家肥水（腐熟豆饼水、厨余肥水），花期每 10 天喷洒 800 倍磷酸二氢钾溶液。

- 修剪：天竺葵生长迅速，一般每年至少对植株修剪 3 次。第一次在 3 月份，主要是疏枝，剪去过多、过密及老弱的枝条；第二次在 5 月份，剪除已谢花朵及过密枝条；立秋后进行第三次修剪，主要是整形，只保留 3~5 根主枝并且截短。冬季寒冷，不宜修剪。

- 繁殖方法：一般盆栽 3~4 年老株需要重新进行更新，以扦插繁殖为主。结合秋季的修剪，截取 7~10 厘米长的粗壮枝条，置于阴凉通风处晾干数小时，待插穗断面干燥结膜时，插入素土中。插后浇足水，保持见干见湿，3 周后可生根。

- 病虫害防治：常见灰霉病、叶枯病和褐斑病，应加强通风，增温控湿，喷洒等量式波尔多液防治，患病后摘除病花、病叶、病枝并烧毁。虫害有红蜘蛛、粉虱，可用 10％ 吡虫啉可湿性粉剂 1000 倍液喷杀。

蓝色佳人——

蓝雪花

- 科属：白花丹科蓝雪花属
- 别名：蓝花丹、蓝茉莉
- 花期：5~10月

观赏特性： 株型柔弱优美，叶色翠绿，花色淡雅，顶生的穗状花序看似一团团蓝色花球，在炎热的夏季给人以清凉感觉。

习　　性： 性喜温暖，耐热，不耐寒冷，在华北及其他温带地区作温室花卉栽培。生长适温25℃，喜光照，稍耐阴，不宜在烈日下暴晒。

选购要领： 株型美观，株高不超过30厘米，叶片绿色、紧凑、密集。植株花蕾多并有部分花朵已开放，花朵大，花色鲜艳。

摆放位置： 适合放在南向的窗台、阳台，也可以在靠近围墙、篱笆的地方地栽，可攀缘生长。

净化功能： 对空气中的苯、一氧化碳、二氧化氮、悬浮物等有较好的吸附作用。

互动小问答：

问：蓝雪花冬季如何管理？

答：在入冬后对蓝雪花进行重剪，保留枝条 10~20 厘米长，其余全部剪掉，然后放在室内 5℃以上、光照条件比较好的环境下越冬。冬季减少浇水，一般 3~5 天浇 1 次，停止施肥。

旺家贴士：象征着勇敢和率真，适合作为入职、升学、升职礼物。

- 选盆：直径 15~20 厘米盆，南方可地栽。

- 土壤：宜在富含腐殖质，排水通畅的沙壤土中生长。

- 水分：要求湿润环境，干燥对其生长不利，中等耐旱。长期缺水的话，叶子会出现发黄现象。如遇雨季，并且正处于开花期，则最好不要放在室外，避免花朵被雨淋坏。

- 施肥：生长期每半个月追施 1 次肥料。蓝雪花萌芽后，应以氮肥为主，5 月后应增施磷钾肥，以促使蓝雪花开花繁盛。9 月停施氮肥，追施 2 次磷钾肥，提高植株的抗寒力。冬季停止施肥。

- 修剪：春季结合翻盆进行 1 次修剪，剪去过密枝、细弱枝，剪短过长枝，使蓝雪花株型圆整，通风透光良好。对于 3 年以上生长势减退的老株，应加大修剪量，并在恢复生长后追施肥料，促使萌发出茁壮的新枝和促进开花。花后要剪去残花，并疏去瘦弱的枝条。

- 繁殖方法：常用扦插繁殖法，时间以 5~6 月为佳，因为在炎夏扦插容易感染病菌，冬季扦插枝条生根速度慢。扦插时要选取健壮充实的半成熟枝条并剪除上部叶片，插入湿润的细沙土中。插穗发根的适宜温度为 20~25℃，2~3 周即可生根。

- 病虫害防治：根部易受根结线虫危害，土壤使用前先行消毒，发病期可用 80％二溴氯丙烷乳油稀释液喷洒土面。如遇介壳虫，用 25％亚胺硫磷乳油 1000 倍液喷雾防治。

百变仙子——

绣球花

- 科属：虎尾草科八仙花属
- 别名：八仙花、紫阳花、七变花、洋绣球、粉团花
- 花期：5~7月

旺家贴士： 绣球花的花语是希望、团圆、美满和幸福。赠送给亲朋好友意在祝福对方阖家幸福、生活美满。

观赏特性： 绣球花是一种常见的庭院花卉，花色有红、粉、白、蓝、紫等多种，且颜色富于变化。其伞形花序如雪球累累，簇拥在椭圆形的绿叶中，煞是好看。

习　　性： 喜温暖，不耐寒，生长适温为18~28℃，冬季温度不低于5℃。不耐寒，在寒冷地区冬季地上部分枯死，翌春重新萌发新梢。花芽分化在5~7℃条件下需6~8周，20℃可促进开花。如遇高温，花朵褪色较快。

选购要领： 株型美观、叶片肥厚、花朵初开、花球集中、花色艳丽者为佳。

摆放位置： 绣球花花大色艳，花期又长，是盆栽的好种类。用它摆放建筑物旁、池畔、林下，花团锦簇，叶绿花红，十分雅致耐观。用它点缀窗台、阳台和客厅，则新奇别致，别有一番情趣。

净化功能： 净化空气，还能改善环境，对烟尘和有毒气体有一定的抗性。

- 选盆：直径 30~40 厘米大盆，可在庭院或花槽种植。
- 土壤：以疏松、肥沃和排水良好的沙壤土为好。花色受土壤酸碱度影响，酸性土花呈蓝色，碱性土花为粉红色。每年春季换盆 1 次。
- 水分：盆土要保持湿润，但浇水不宜过多，特别雨季要注意排水，防止受涝引起烂根。冬季室内盆栽以稍干燥为好，过于潮湿则叶片易腐烂。一般春、秋两季每 3 天浇水 1 次，夏季每天浇水 1 次。
- 施肥：早春换盆时，应随新培养土施入含硫酸亚铁的磷钾肥。生长期每月可施腐熟稀薄液肥 1~2 次；孕蕾期增施 2 次磷酸二氢钾，可使花大色艳。盛暑停止施肥，以免伤根或招致病虫害。施肥时注意勿使肥液沾至叶片和花上。
- 修剪：为了使株型更加美观，有必要进行摘心工作，还要注意修剪徒长枝、过密枝。花期随时剪去黄叶。花后摘除花茎，促使产生新枝。
- 繁殖方法：家庭常用扦插法和分株法繁殖。扦插于 5~6 月生长期间进行，截取具 3 个叶节的嫩枝 6~7 厘米长，剪去基部及部分上部叶片，裹上泥球后插入沙盆中，温度保持 12℃，约一个月可生根，经越夏培养，秋季分栽，次年即可开花。分株则在春暖发芽前结合换盆进行，将植株基部的分生幼苗分出，另行移栽于花盆，待幼苗开始萌发，再沿盆边施入少量肥料，当年即可开花。
- 病虫害防治：常见叶面黄化，喷洒少量硫酸亚铁溶剂即可恢复。霜霉病可用 70％代森锰锌可湿性粉剂 600 倍液喷洒。虫害有蚜虫和盲蝽，可用 30％毒死蜱微乳剂 1000 倍液喷杀。

互动小问答：

问：如何人为控制绣球花的花色？

答：偏碱性或中性的土壤中绣球花开的颜色为红色，一般的地栽绣球花也是红色居多。为让花朵呈粉红色，可在土壤中施用石灰。如果想要绣球花盆栽开出蓝紫色的花，调整土壤酸碱度的时间就要提早。应在绣球花蕾形成前（蓝色花）或花蕾出现粉色花（蓝紫色花），每10天灌根1次硫酸铝肥。此外浇水时还应分别施用硫酸亚铁和白醋水，以便长时间维持绣球花盆土呈酸性状态。每次施用酸性肥时应注意浓度不可过高，施用酸性肥后，如果发现盆栽绣球花叶子变软应及时用大量清水灌根。调色期间应停止灌根施用磷肥，可改为叶面喷施的方法。调色成功后，应增施钾肥，以增加花色的鲜艳度。

姹紫嫣红——

三角梅

科属：紫茉莉科叶子花属

别名：叶子花、九重葛、贺春红、勒杜鹃

花期：10月至翌年6月

观赏特性： 有红、橙、紫、白等多种颜色，苞片大，色彩鲜艳如花，且持续时间长。三角梅姹紫嫣红，繁花似锦，绚丽满枝，给人以奔放、热烈的感受，因此又得名贺春红。

习　　性： 喜温暖湿润气候，不耐寒，温度在3℃以上才可安全越冬，15℃以上方可开花。我国除南方地区可露地栽培越冬，其他地区都需盆栽和温室栽培。三角梅是阳性植物，为使枝叶生长正常，增加开花次数，必须把三角梅摆放在光线充足、通风良好的地方，让它每天光照8~12小时。如果摆放位置经常荫蔽，则会使植株徒长而减少开花数量。

选购要领： 株型美观、枝干粗壮、花朵初开且颜色鲜艳者为佳。

摆放位置： 宜庭院种植或盆栽观赏。盆栽置于门廊、庭院和厅堂入口处，十分醒目。

净化功能： 具有一定的抗二氧化硫功能，是一种很好的环保绿化植物。

旺家贴士： 三角梅的花语是热情、坚韧不拔和顽强奋进。家庭种植三角梅寓意生活红红火火，事业顺风顺水。

第三章　木木观花植物

89

- 选盆：直径 20~40 厘米盆，每 2~3 年换 1 次盆。南方可地栽。

- 土壤：排水良好的沙壤土最为适宜。

- 水分：掌握"不干不浇，浇则浇透"的原则。但要使其开花整齐、多花，开花前必须进行控水。从 9 月份开始对浇水进行控制，每次浇水要等到盆土干燥、枝叶软垂后方可进行，如此反复连续半个月时间，然后恢复平时正常浇水。控水期间切忌施肥，以免肥料烧伤根系。这样约 1 个月，三角梅即可显蕾开花，而且花开放整齐、繁盛。

- 施肥：要使三角梅多开花，必须保证充足的养分，同时施肥要适时适量，合理施用。一般 4~7 月份生长旺期，每隔 7~10 天施液肥 1 次，以促进植株生长健壮，肥料可用 10％ ~20％腐熟豆饼、菜籽饼水或人粪水等。8 月份开始，为了促使花蕾的孕育，施以磷肥为主的肥料，每 10 天施肥 1 次，可用 20％的腐熟鸡鸭鸽粪和鱼杂等液肥。开花期每隔半个月需施 1 次以磷肥为主的肥料，肥水浓度为 30％ ~40％。

- 修剪：三角梅生长迅速，生长期要注意整形修剪，以促进侧枝生长，多生花枝。修剪次数一般为 1~3 次，不宜过多，否则会影响开花次数。每次开花后，要及时清除残花，以减少养分消耗。花期过后要对过密枝条、内生枝、徒长枝、弱势枝进行疏剪，对其他枝条一般不修剪或只对枝头稍作修剪，不宜重剪，以缩短下一轮的生长期，促其早开花，多次开花。

- 繁殖方法：常用扦插法繁殖。每年5、6月份，剪取成熟的木质化枝条，长20厘米，插入沙盆中，盖上玻璃，保持湿润，一个月左右可生根，培养两年可开花。

- 病虫害防治：叶斑病发病初期用50％多菌灵可湿性粉剂500倍液进行防治，褐斑病要及时摘除病叶并烧毁，发病初期用70％代森锰锌可湿性粉剂400倍液，每10天喷1次，连续喷3~4次。高温高湿的环境下，三角梅易生介壳虫，可用45％马拉硫磷乳油1000倍液喷杀。

互动小问答：

问：越冬如何养护三角梅？

答：三角梅喜欢温暖气候，不耐低温。除南方外，其他地区冬季都要移入室内养护。入室前必须重剪，剪到一级分支只留10厘米左右。然后放在有散射光且避风的地方养护，不要对着门窗。保持温度的稳定，不要忽冷忽热。尽量少浇水，一般半个月到一个月浇1次小水即可，并选择晴天的中午浇水。

草本观花植物 第四章

缤纷灿烂——

矮牵牛

- 科属：茄科碧冬茄属
- 别名：碧冬茄、撞羽朝颜、灵芝牡丹
- 花期：4~12月

观赏特性： 花色有红、白、紫、粉以及多种复色，播种后当年即可开花，花期长达数月。花朵硕大，色彩丰富，并带有条纹、网纹、斑点等不同花色，是极佳的装饰性花卉。

习　　性： 喜温暖不耐霜冻，生长适温为13~18℃，冬季温度在4~10℃能正常生长，如低于4℃则植株停止生长，夏季能耐35℃以上的高温。矮牵牛属长日照植物，日照越充足，生长越繁茂，花越多。除盛夏高温的中午需适当遮阴外，其余季节都要多见阳光。

选购要领： 株型美观、枝叶粗壮、花蕾多且初开花朵颜色鲜艳，无枯叶、黄叶。

摆放位置： 宜置于向阳庭院，屋顶花园，南向或西向阳台、窗台。

净化功能： 过滤室内废气，吸收部分氨气、苯酚和甲醛。

- 选盆：直径 10~15 厘米盆，2~3 年翻盆 1 次。

- 土壤：喜疏松肥沃和排水良好的沙壤土。

- 水分：喜湿润，怕旱亦怕涝，春夏秋三季要常浇水，盆土见干即浇，保持偏湿润为好，但不可积水，冬季盆土不干微润即可。夏季高温季节，应在早、晚浇水，保持盆土湿润。梅雨季节要适当遮挡雨水。

- 施肥：喜肥，亦耐贫瘠，施肥不宜过多过勤。定植或翻盆换土时，可在培养土中加点骨粉或氮磷钾复合肥作基肥。幼苗期 10 天左右施 1 次淡薄的氮肥，蕾期、花期不可再施氮肥，否则易徒长倒伏。花期每月向叶面喷 1 次 0.2％的磷酸二氢钾溶液，促其多孕蕾，花多而艳丽，冬季入室不施肥。

- 修剪：苗高 8 厘米时摘心促其发分枝。分枝长到 5 厘米左右以后再摘心 2~3 次，使植株低矮，分枝多，花也多。花后带蒂剪掉，以节约养分。

- 繁殖方法：经过两次越冬的老株，长势渐衰，可于秋季花后将其淘汰，繁殖新的盆花。

　　播种繁殖，春秋两季均可。

在正常的光照条件下，从播种至开花约需 100 天。发芽适温为 22~24℃。播后不需覆土，轻压一下即可。幼苗 5 厘米高即可带较大土团定植。

扦插繁殖，春秋两季均可进行，以春季为佳。花后剪取长 10 厘米的顶端嫩枝，插入沙床中，保持湿润，在气温 20~25℃下半月即可生根，30 天可移栽上盆。

病虫害防治：常见的病虫害有白霉病、叶斑病和蚜虫。白霉病发病后及时摘除病叶，发病初期喷洒 75％百菌清可湿性粉剂 600~800 倍液。预防叶斑病应尽量避免碰伤叶片，并注意防止风害、日灼及冻害。蚜虫用 30％毒死蜱微乳剂 1000 倍液喷杀。

互动小问答：

问： 如何让矮牵牛达到爆盆的效果？

答： 一要选取枝条萌发快而多的品种。花型不要太大，因为花型太大的枝条一般较软，花瓣易翻，中型且较硬挺的花会更美丽。二要提供适宜的环境。矮牵牛喜欢充足的阳光，最好从早到晚都有阳光。光照不足很难达到爆盆效果。三要加强肥水管理，不能缺水少肥。四要舍得修剪，把长出盆外的枝条剪去，否则枝条往外长，很难形成花球，容易中间平平，形成"地中海"。花谢后要及时剪去残花。五要适时更新植株。一般以一次越冬后的矮牵牛长势最好，开花最多，两次越冬后长势逐渐衰退，需要重新培育。

旺家贴士： 花语是安心、温馨，适合赠送给恋人、爱人和朋友。家庭种植矮牵牛，意喻家庭安宁祥和。

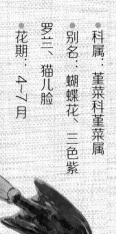

灵动活泼——

三色堇

科属：堇菜科堇菜属

别名：蝴蝶花、三色紫
罗兰、猫儿脸

花期：4～7月

观赏特性： 花色有红、黄、白、紫等，且有花纹，颜色鲜艳，娇俏可爱，让人
心情不自觉放松起来。花瓣被风吹动时，如蝴蝶翻飞，灵动活泼。

习　　性： 喜凉爽，较耐寒，忌高温。在昼温15～25℃、夜温3～5℃的条件下发
育良好。昼温若连续在30℃以上，则花芽消失，或不形成花瓣，故
应力求通风良好，使温度降低，以防枯萎死亡。冬季温度长期在5℃
以下会出现叶色变紫。三色堇喜光，最好放在全日照的环境下。夏
季高温可适当荫蔽。生长期不适合种于室内，因为光线不足，生长
会迟缓，枝叶无法充分生长，导致无法开花。开花后也不应移入室内，
以长保花朵寿命。

选购要领： 以冠幅在12～15厘米之间、株型饱满、开花整齐一致、花大色艳者
为佳。

摆放位置： 三色堇以露天栽种为宜，庭院、天台、阳台盆栽皆适合。

净化功能： 能吸收空气中的二氧化碳。

> **旺家贴士：** 三色堇代表着快乐和思
> 念，赠送给好友，可以表达祝福和
> 思念之意。摆放在阳台、窗台等处，
> 能让人心情舒爽。

- 选盆：直径 10~15 厘米盆。

- 土壤：喜肥沃、排水良好、富含有机质的壤土或黏壤土。

- 水分：浇水需在土壤彻底干燥时进行，但要防止长期萎蔫。温度低、光照弱时，要少浇水。过多的水分影响生长，又易产生徒长枝。气温高时，要防止缺水干枯。植株开花时，应保持充足水分。

- 施肥：培养土中混入 10％ 的腐熟堆肥作为基肥，生长期每 2~3 次浇水就要用 1 次肥水施肥，初期以氮肥为主，临近花期可以增加磷钾肥。

- 修剪：苗期需要摘心 2~3 次，以控制株高，促进侧枝萌发。花谢后立即剪除残花，能促使再开花，至春末以后气温较高，开花渐少也渐小。

- 繁殖方法：播种或扦插均可。播种以春、秋为佳，种子发芽适温 15~20℃。将种子均匀撒播于细木屑中，保持湿润，经 10~15 天发芽。2~3 片真叶时，移栽至育苗盆中，施肥 1~2 次，5~7 片真叶时定植。扦

插 3~7 月均可进行，以初夏为最好。一般剪取植株中心根茎处萌发的短枝作插穗比较好，开花枝条不能作插穗。扦插后 2~3 周即可生根，成活率很高。

- 病虫害防治：常见病害为灰霉病与炭疽病。灰霉病发病初期，喷施 50％多菌灵可湿性粉剂 500~1000 倍液。炭疽病要及时摘除病叶、病花，发病初期喷洒 80％代森锌可湿性粉剂 500~800 倍液。红蜘蛛用 73％克螨特乳油 2000~3000 倍液喷杀，蚜虫用 30％毒死蜱微乳剂 1000 倍液喷杀。

互动小问答：

问： 如何让三色堇全年开花?

答： 采用不同的时间分批播种，可使家里全年花开不断。一般在播种 2 个月左右开花。春季播种，6~9 月开花；夏季播种，9~10 月开花；秋季播种，12 月开花；11 月份播种，次年的 2~3 月开花。

花中君子——

菊花

- 科属：菊科菊属
- 别名：金英、黄华、帝女花、九华
- 花期：夏菊 6~9 月，秋菊 10~11 月，寒菊 12 月至翌年 1 月

观赏特性： 菊花是我国十大名花之一，四季常青，挺拔俊秀。花色有黄、白、红、粉、橙、紫、绿、黑等多种。其叶形轻柔，花朵千姿百态，颜色姹紫嫣红，香气清隽高雅。尤其在百花枯萎的秋冬季节，菊花傲霜怒放，气节高尚，生机勃勃。

习　　性： 喜凉爽，较耐寒，生长适温 18~21℃。不耐高温，最高能耐 32℃，冬季室温保持在 10℃左右即可安全越冬。地下根茎耐低温，极限一般为 -10℃。花期最低可耐夜温 17℃，开花中后期降低 3~5℃可延长花期。在温度适宜的条件下，人工控制光照时间，可以提早或推迟花期。

选购要领： 植株矮壮、株型饱满、花蕾多且有初开者为佳。

摆放位置： 摆放窗台、书桌、案头，十分相宜。还可做切花摆放在任意位置。

净化功能： 有抗硫化氢的功能，并能分解甲醛和二甲苯等有害物质。菊花带有一抹浅淡宜人的馨香，还有提神醒脑的功效，但不适宜摆放在卧室。

第四章　草本观花植物

> **旺家贴士：** 菊花的花语是清净、高洁、真情。菊花是高贵与长寿的象征，在我国有"寿客"之称，是赠送给老人和长辈的很好选择。教师节时赠老师菊花，寓意品格高尚；中秋节、重阳节赏菊、插菊，以祝老人长寿、家人幸福；菊花配竹子，寓意"祝寿"；菊花配仙鹤，寓意"贺寿"；菊花配佛手或蝙蝠，寓意"福寿"；菊花配万字、如意，寓意"万寿如意"。要注意，黄菊与白菊两者搭配代表肃穆哀悼，不可随意赠送。

- 选盆：直径 15~20 厘米花盆。

- 土壤：喜土层深厚、富含腐殖质、疏松肥沃、排水良好的沙壤土。

- 水分：较耐干旱，最忌积涝，一般每 3 天浇水 1 次即可，冬季每 7~10 天浇水 1 次。

- 施肥：生长期以施氮肥为主，遵循薄肥勤施的原则，每 7~10 天施 1 次浓度约 15％的有机肥。秋凉后，每 5 天施肥 1 次，浓度为 20％。孕蕾期间要停施氮肥，施 1％磷酸二氢钾。花蕾形成后直至开花，继续施浓度为 20％的有机肥。花蕾绽放后停止施肥。每次施肥，应在盆土稍干的傍晚进行，施肥后要用清水喷淋叶面。

- 修剪：上盆后需要摘心 1~2 次，最终保留 3~5 个分枝。花期需摘除一部分萌发在外侧的弱小花芽。

- 繁殖方法：一般采取扦插和分株法

繁殖。扦插于 4~5 月进行为好，截取顶端 8~10 厘米长的嫩枝作为插穗，去掉下部叶片，插入素沙中约 3 厘米。在 18~21℃的温度下，3 周左右生根，约 4 周即可定植。分株一般在清明前后，结合换盆进行，将根挖出，按根的自然形态分开，另植盆中。

● 病虫害防治：菊花的常见病害有白粉病、黑斑病。白粉病喷洒 50％多菌灵可湿性粉剂 500 倍液，黑斑病喷洒 75％百菌清可湿性粉剂 700 倍液。常见虫害有蚜虫、红蜘蛛和粉虱。蚜虫和粉虱用 10％吡虫啉可湿性粉剂 1000 倍液喷杀，红蜘蛛可用 25％三唑锡可湿性粉剂 1500~2000 倍液喷雾，防治效果显著。

互动小问答：

问： 如何快速扦插繁殖菊花？

答： 在花蕾初现如黄豆般大小时，在植株近根茎处，选择顶花蕾圆整、饱满的小枝，或枝腋间生出的带蕾小枝，摘下扦插，然后移放在阴凉处养护。每日叶片喷水 2~3 次，注意保持土壤疏松湿润。待花蕾长大、萼破露色时，即说明泥土中茎枝断面已经愈合并长出新根，此时可将之定植在各式造型优美的小盆中，摆放在桌面上欣赏。从扦插到成品，大概需要 1 个月的时间，此后便可欣赏菊花逐渐盛开的佳景。这种带蕾扦插法适用于枝条萌发较快、花朵数量多、花型较小的品种。稀有品种或花朵巨大的品种都不适用此法。

五彩斑斓——

瓜叶菊

科属：菊科瓜叶菊属

别名：瓜叶莲、千日莲

花期：一二月至翌年4月

观赏特性： 瓜叶菊叶片肥厚鲜绿，衬托着五彩斑斓的花朵，显得瑰丽、明媚。其开花早，花期长，枝繁叶茂，叶花相映，色彩丰富明艳。在寒冬开花尤为珍贵，特别是蓝色花，闪着天鹅绒般的光泽，幽雅动人。

习　　性： 喜凉爽气候，不耐炎热高温。种子的萌芽适温为 18~20℃，生长适温为 10~15℃。温度高于 20℃不利于花芽的形成，温度低于 5℃时植株停止生长发育，0℃以下即发生冻害。开花的适宜温度为 10~15℃，低于 6℃时不能开放。开花后维持室温 8~10℃可延长花期。瓜叶菊喜阳光充足的环境，开花以后可移至室内欣赏。

选购要领： 选株型饱满均匀、叶片深绿硬挺、花蕾多且初开、花色鲜艳者。

摆放位置： 盆栽作为室内陈设，宜放在光线明亮的南、西、东窗前；每日能接受 4 小时以上的光照，才能保持花色艳丽，植株健壮。要定期转动花盆，使枝叶受光均匀，株型端正。

净化功能： 净化空气，吸收二氧化碳。

旺家贴士：瓜叶菊的花语是喜悦、快乐、合家欢喜、繁荣昌盛。适宜在春节期间送给亲友，体现美好的心意。此花色彩鲜艳，摆放在家中，花团锦簇，喜气洋洋。

- 选盆：直径 12~15 厘米盆。

- 土壤：喜肥沃、疏松、排水良好的中性或微酸性沙壤土。栽培盆土可用园土 4 份、腐叶土 2 份、堆肥土 2 份和河沙 2 份混合配制，并加入饼肥和过磷酸钙基肥。

- 水分：瓜叶菊因叶片多而大，需水量大，但浇水次数不宜过多，在少量叶片开始萎蔫时浇 1 次透水为宜。若是因通风量过大或病虫害造成的萎蔫不宜浇水。

- 施肥：喜肥，生长期肥水应充足。苗期可结合浇水，每周追施 1 次稀薄肥水。定植于盆中的瓜叶菊，一般约 2 周施 1 次液肥。用腐熟的豆饼或花生饼、烂黄豆、烂花生亦可，用水稀释 10 倍施用。在现蕾期施 1~2 次磷钾肥，少施或不施氮肥，以促进花蕾生长而控制叶片生长。花期一般 10 天左右加施 1 次磷酸二氢钾水溶液。

- 修剪：瓜叶菊长到 8 厘米左右要摘心。上盆后的瓜叶菊其基部 3~4 节发生的侧芽应随时掐去，减少养分的消耗和避免枝叶拥挤，以利花多、花大、色艳。

- 繁殖方法：播种繁殖。瓜叶菊播种期为 8~11 月，可在苗床或

盆内进行。先将盆底铺一层厚粗沙，上面以细沙拌细土，将种子播在表面，覆土以盖没种子为度。然后将土喷湿，温度掌握在18~20℃，置阳光下，每天喷雾，若气候干燥时可用薄膜覆盖保湿。苗在5~7天内可出齐，适温下发芽率达60％以上。2片真叶时进行间苗，株距以4厘米×4厘米为宜。5~8片叶时定植。

● 病虫害防治：白粉病用25％三唑酮可湿性粉剂2000倍液进行喷治、根腐病、茎腐病、黄萎病喷洒0.5％高锰酸钾水溶液进行消毒。常见虫害为红蜘蛛和蚜虫，可用30％毒死蜱微乳剂1000倍液喷杀。

互动小问答：

问：瓜叶菊如何越冬和度夏？

答：瓜叶菊需室内越冬，冬季室温不需太高，适宜温度为7~8℃。它能忍受短暂的零下低温，在5℃时就能安全越冬。当室外温度在4℃以上的时候，中午前后可以移到室外晒太阳，但一定要避免冷风吹袭。夏季忌烈日直射，否则会使叶尖枯黄，要放置在通风良好、有散射光处养护。花后老株在我国大部分地区均不能安全度夏，故只能作一、二年生草本花卉栽培。

天真烂漫——

雏菊

- 科属：菊科雏菊属
- 别名：春菊、延命菊、幸福花
- 花期：4~6月

观赏特性： 雏菊叶密集矮生，颜色碧翠。花朵娇小玲珑，色彩和谐，惹人喜爱。早春开花，生机盎然，具有君子的风度和天真烂漫的风采。

习　　性： 雏菊耐寒，适宜在冷凉气候生长。在炎热条件下开花不良，易枯死。发芽适温15~20℃，生长适温5~25℃。10~25℃可正常开花，温度低于10℃时，生长相对缓慢，株型矮小，开花延迟。如温度高于25℃，花茎会拉长，长势及开花都会衰减。较耐寒（重瓣大花品种的耐寒力较差），在5℃以上可露地越冬，北方需在初冬移入室内。夏季需移入冷凉处度夏。雏菊生长期和花期喜阳光充足，不耐阴。光照充分可促进生长，叶色嫩绿，花量增加。夏季需避开阳光直射，放在阴凉通风处。雏菊可作两年生或多年生栽培。

选购要领： 植株矮壮、株型饱满、叶色碧绿、花蕾多且初开者为佳。

摆放位置： 可种植一片布置于庭院、门厅、阳台等处，也可盆栽于窗台、茶几、书桌，色彩明媚素净，令人身心放松，倍感愉悦。

净化功能： 吸收二氧化碳和其他有害气体，释放出氧气。

- 选盆：直径 12~15 厘米盆。

- 土壤：喜疏松、肥沃、排水良好的沙壤土。

- 水分：较耐旱，定植后，宜每 7~10 天浇水 1 次。浇水过多容易引起徒长。

- 施肥：上盆时可加入复合肥充当基肥。追肥不必过勤，每隔 2~3 周施 1 次稀薄粪水，待开花后停止施肥。在花蕾期喷施花朵壮蒂灵，可促使花蕾强壮、花瓣肥大、花色艳丽、花期延长。

- 修剪：不用通过修剪和打顶来控制花期。当花枯萎后，须尽早将凋谢的花剪去，这样可减少养分的消耗。

- 繁殖方法：用播种法繁殖。播种多在 9 月份，选用疏松、透气的土壤撒播。播后盖薄薄一层土，以不见种子为度。播后保持土壤湿润，5~8 天发芽，2~3 片真叶时即可移植 1 次，并给予较温和的光照。5~6 片真叶时可定植到花盆中，每盆 3~5 株。

- 病虫害防治：雏菊易受到病害，如枯叶病、灰霉病、褐斑病、炭疽病等。发现受感染的植株、叶片，必须随时摘除清理，并立即用 75％百菌清可湿性粉剂 800~1000 倍液喷施。常见虫害为菊天牛、大青叶蝉。菊天牛用 30％毒死蜱微乳剂 1000 倍液直接喷杀，大青叶蝉用 50％甲胺磷乳油 1000 倍液喷杀。

互动小问答：

问：如何预防雏菊的病虫害？

答：雏菊开花后特别容易遭虫害，所以在开花前要先做好虫害的预防工作。种植应避免密植，保持通风、透气、光照充足的凉爽环境，摘除根部的老叶、黄叶，过密的花茎叶也可以摘除一些。开花期不要喷洒药液，否则会造成花朵枯萎。

旺家贴士：雏菊象征着纯洁、天真、愉快、幸福、和平、希望。送给恋人、爱人，代表纯真浪漫；送给友人，代表坚强坚毅、勇往直前。家中种植雏菊，寓意家庭平安幸福。

步步高升——

百日草

●科属：菊科百日菊属
●别名：百日菊、步步高、
火球花、秋罗
●花期：7~10月

观赏特性： 花色有红、黄、粉、紫、白、绿，花大色艳，开花早，花期长，株型美观。多种颜色的百日草混播在一起，一片姹紫嫣红，美不胜收。

习　　性： 百日草喜温暖，不耐酷暑高温和严寒。生长适温为 20~25℃，春末夏初生长尤为迅速。当气温高于 35℃时，长势明显减弱，且开花稀少，花朵也较小。不耐寒，结籽后枯死。百日草喜阳光充足的环境，可全日照栽培。若日照不足则植株容易徒长，抵抗力较弱，开花亦受影响。

选购要领： 株型矮壮匀称、分枝多、枝叶饱满、株高 20 厘米以内、花朵大且颜色鲜艳者为佳。

摆放位置： 适宜于花坛、花境的布置，矮生种可盆栽，同时也是优良的切花材料。

净化功能： 净化空气，吸收二氧化硫。

旺家贴士： 百日草第一朵花开在顶端，然后侧枝顶端开的花一朵比一朵高，所以也叫"步步高"。家里种植百日草，不仅可以观赏，而且会激发人们的上进心，还有日子越过越好的吉祥寓意。送给学子或职场新人，寓意步步高升。

- 选盆：直径 12~15 厘米盆。

- 土壤：喜排水良好、疏松、肥沃的沙壤土。忌连作，地栽百日草每年需更换场地，盆栽需要换盆土另种。

- 水分：由于光线需求度高，因此水分极易蒸发，需经常浇水保持土壤湿润，春秋季每 2~3 天浇水 1 次，夏季需每天浇水 1~2 次。在夏季多雨或土壤排水不良的情况下，植株细长、花朵变小，需要及时松土排水。

- 施肥：较耐贫瘠，可薄肥勤施。幼苗期每隔 5~7 天施 1 次氮肥和有机液肥，施 2~3 次后可改用复合肥，盛夏季节宜施用薄肥，随水施肥。每次摘心后施磷酸二氢钾，特别是现蕾到开花，每 5~7 天要喷 1 次 0.2％磷酸二氢钾，以利开花。花后每修剪 1 次，追液肥 1 次，保证植株生长所需，以延长整体花期。

- 修剪：百日草要多次摘心，第一次在 6 叶时，留 4 片叶摘心，生长期共摘心 2~3 次。要想使植株低矮而开花，可在摘心后腋芽长至 3 厘米左右时喷少量多效唑。百日草为枝顶开花，当花残败时，要及时从花茎基部留下 2 对叶片后剪去残花，以利在切口的叶腋处诱生新的枝梢。

- 繁殖方法：播种繁殖，一般在 4 月中下旬进行，发芽适温为 15~20℃。种子具嫌光性，播种后应覆土，浇水，保湿，约 1 周后发芽出苗。发芽率一般在 60％左右。幼苗 2~3 片真叶时移植或间苗，4~5 片真叶时摘心。盆栽应反复摘心，以促生侧枝，形成丰满株丛。从播种到开花，一般需要 70 天左右。留种要在外轮花瓣开始干枯、中轮花瓣开始失色时进行，剪下花头，晒干去杂质贮存。

- 病虫害防治：白星病用 75％百菌清可湿性粉剂 500~800 倍液喷施，黑斑病用 65％代森锌或代森锰锌可湿性粉剂 5000 倍液喷雾。喷药时，特别注意叶背表面要喷匀。蚜虫可喷施 15％哒螨灵乳油 1000 倍液，棉铃虫用 20％杀灭菊酯乳油 1500 倍液喷杀，菜粉蝶可用 1％威霸乳油 800 倍液喷杀。

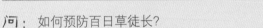

互动小问答：

问：如何预防百日草徒长？

答：百日草徒长会降低观赏性，可采用以下方法来预防：一是增加光照，尽量在室外接受全天日照，夜间室外温度低可将秧苗移到室内。二是均衡养分，施肥的时候可将磷钾肥比重加大，将氮肥比重减少。三是做摘心处理，多次摘心能促进腋芽生长。最后，还可以通过喷洒一些植物生长调节剂例如多效唑等来控制植株高度。

旱金莲

- 科属：旱金莲科旱金莲属
- 别名：金莲花、旱荷、荷叶莲、金丝荷花、大红雀
- 花期：6～11月，在环境条件适宜的情况下，全年均可开花

观赏特性：花色呈金黄、橙红、淡黄、深红、玫红等。其蔓茎缠绕，形如碗莲，叶色翠绿，花大色艳，灵动可爱，盛开时宛如群蝶飞舞，一片生机勃勃的景象。

习　　性：喜温暖，不耐寒，生长适温18～24℃，夏季35℃以上生长受抑制，开花减少。越冬温度须5℃以上，冬季温度过低，易受冻害，甚至整株死亡。旱金莲属喜光性植物，冬季在室内栽培时，充足阳光下开花不断，花色诱人。夏季开花时，适当遮阴可延长观赏期。旱金莲的花、叶趋光性强，栽培或观赏时要经常更换位置，使其均匀生长。

选购要领：以植株矮壮美观、枝叶碧绿肥厚、花朵大而色艳者为佳。

摆放位置：盆栽置于窗台、高几上自然悬挂，或绑扎成形。还可布置花境与花坛。

净化功能：可吸收二氧化碳；其香气扑鼻，有提神醒脑之功效。

- 选盆：盆栽时，直径10～15厘米盆种植3～5棵苗，吊盆以直径15～25厘米盆为宜。
- 土壤：以疏松、中等肥力和排水良好的沙壤土为宜。
- 水分：喜湿怕涝，生长期浇水要采取小水勤浇的办法，春秋季每2～3天浇水1次，夏季每天浇水，并在傍晚往叶面上喷水，以保持较高的湿度。出现花

蕾时浇水次数宜适当减少，但要加大每次的浇水量，盆土见干见湿。开花后要减少浇水，防止枝条徒长。如果浇水过量、排水不好，根部容易受湿腐烂，轻者叶黄脱落，重者全株蔫萎死亡。

- 施肥：较喜肥，但要注意施肥不能过量，否则枝蔓徒长，反而影响开花。生长期间每 20 天施 1 次腐熟豆饼水；开花期间停施氮肥，改施过磷酸钙，每半个月施 1 次；花谢后再追施腐熟的豆饼水，以补充开花所消耗的养分。冬季入室后要控制施肥。

- 修剪：由于旱金莲是缠绕半蔓性花卉，具较强的顶端生长优势，若要使其枝繁叶茂，在小苗时就要打顶使其发侧枝。当植株长到高出盆面 15~20 厘米时，需要设立支架，上架前除留主茎和较粗壮的侧枝外，其他枝条都要摘心。支架的大小以生长后期蔓叶能长满支架为宜，一般高出盆面 20 厘米左右。花后把老枝剪去，发出的新枝又可继续开花。

- 繁殖方法：用播种或扦插繁殖。播种于秋季 8~11 月在温室进行，出苗后于低温温室培育。春季在 3 月播种，播种前要先将种子用 40~45℃温水浸泡 1 天，播后温度适宜，1 周后即可发芽，4 片真叶时可定植于露地或盆栽。扦插在 4~6 月间进行，选取充实健壮、带有 2~3 个节的嫩茎插入沙床，并遮阴喷雾，插后 15~20 天生根，30 天后可定植。

- 病虫害防治：白粉病发病初期用 25％三唑酮可湿性粉剂 1000 倍液喷雾。潜叶蛾宜在晴天午后喷施 10％氯菊酯乳油 2000 倍液。白粉虱、红蜘蛛和蚜虫可用 30％毒死蜱微乳剂 1000 倍液喷杀。

互动小问答：

问：旱金莲叶子发黄是什么原因？

答：旱金莲叶子发黄的原因有很多，若是水分过多，则开花后要减少浇水，并避免盆土积水；若是施肥过量，则要注意将肥料稀释后使用。夏季光照过强、温度过高，叶子也会出现枯黄的迹象，所以要适当遮阴。此外红蜘蛛和潜叶蛾为害叶片，也会出现发黄迹象，要立即用药喷杀并剪下病叶焚毁。

旺家贴士：旱金莲的花语是可遇不可求的事情，开心就好，也有爱国的寓意。它适合赠送给同事、友人，表达关切之情。

优雅动人——

石竹

科属： 石竹科石竹属

别名： 石柱花、洛阳花、石菊

花期： 4~10月，其中4~5月为盛花期

观赏特性： 花色有白、粉、红、紫以及复色，花朵繁茂，此起彼伏，观赏期较长。花朵颜色绚丽，盛开时瓣面显出如同绒缎般质感，美丽异常。

习　　性： 耐寒不耐酷热，夏季多生长不良或枯萎。发芽适温18~21℃，生长适温10~13℃。石竹为阳性植物，生长、开花均需要充足的光照。除9月育苗期应注意避免正午太阳直射外，其他阶段应给予全日照的环境条件。石竹花日开夜合，因此花期若上午日照，中午遮阴，晚上露夜，则可延长观赏期，并使之不断抽枝开花。

选购要领： 以株型紧凑优美、花朵初开且花蕾多者为佳。

摆放位置： 盆栽石竹可点缀在茶几、书桌、餐桌上，园林中可用于花坛、花境、花台的布置，还常常被用作切花。

净化功能： 吸收空气中的二氧化硫和氯气。

- **选盆：** 直径10~15厘米盆，每年春季可换盆1次。
- **土壤：** 喜肥沃、疏松、排水良好及含石灰质的壤土或沙壤土。
- **水分：** 较耐干旱，最忌积涝，一般每3天浇水1次即可，冬季每7~10天浇水1次。
- **施肥：** 定植后每隔3周追肥1次，骨粉、麻油渣、腐熟饼肥皆可。
- **修剪：** 苗长至15厘米高时摘除顶芽，促其分枝，以后注意适当摘除腋芽，使养分集中，促花大色艳。开花前应及时去掉一些叶腋花蕾，主要是保证顶花蕾开花。

- 繁殖方法：一般采取播种和分株法繁殖。播种春秋两季皆可进行，将种子播在盆内，置于室内较温暖处，一般7天可全部齐苗。齐苗后要加强通风，接触阳光并控制浇水，防止徒长。小苗高3~4厘米时，可定植到花盆内。分株繁殖除了夏季，其他季节皆可进行，但以早春结合换盆进行为好。若肥水得当，分株当年即开花。

- 病虫害防治：叶枯病及时摘除病叶，严重病株拔除烧毁，并喷洒50%多菌灵可湿性粉剂800倍液。褐斑病发病初期及时喷洒咪酰胺乳油。红蜘蛛用34%螺螨酯悬浮剂4000~5000倍液喷杀。

互动小问答：

问： 如何使石竹多开花？

答： 一是土壤要足够肥沃，可在土壤中加入一些腐叶土和沙子；二是水肥管理要注意，不能干旱，每15~20天喷1次磷酸二氢钾；三是温度要根据季节的变换及时调整，冬天可以放在封闭性比较好的阳台上，酷暑放在阴凉区域通风；四是花朵凋零之后要及时修剪，把花茎从底部开始剪掉，在叶腋处就会重新长出花茎。

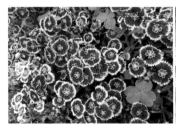

旺家贴士： 客厅中摆放石竹可以选择紫色或者紫红色的，寓意大红大紫。石竹茎上有节，既能像竹子一样给人高洁之感，又有各种颜色的花朵使人心旷神怡。石竹的花语为纯洁的爱、才能、大胆、女性美，尤其适合送给女性朋友。

兰中皇后——

蝴蝶兰

- 科属：兰科蝴蝶兰属
- 别名：蝶兰
- 花期：2~5月

观赏特性： 蝴蝶兰花姿婀娜，花色高雅繁多，花期长达两个多月，因花形似蝶而得名。其姿态优美，颜色华丽，为热带兰中的珍品，素有"兰中皇后"之美誉。

习　　性： 喜温暖，生长适温 16~30℃，低于 10℃容易死亡。冬季和早春注意保温或增温，有供暖设备的注意不要将花直接放在暖气片上或离之过近。夏季温度偏高时需要降温，并注意通风；若温度高于 32℃，蝴蝶兰通常会进入半休眠状态。春节前后为盛花期，适当降温可延长观赏时间，开花时夜间温度最好控制在 13~16℃，但不能低于 13℃。尽管蝴蝶兰较喜阴，但它仍需要接受部分光照。尤其花期前后，适当光照可促使蝴蝶兰开花，并使开出的花艳丽持久，一般应放在室内有散射光处，勿让阳光直射。

选购要领： 以株型美观、叶片宽大且平整光亮、无斑点痕迹者为佳。叶片不少于 4 片，5~6 片者更好。每片叶子由下往上要越来越大，根部肥大且蔓延旺盛，花枝繁密且花朵多。

摆放位置： 蝴蝶兰盛开时，正值春节，摆放在门厅、客厅、走道，鲜艳的色彩喜气洋洋，倍添节日氛围。蝴蝶兰雍容华贵，不论搭配中式家具还是西式家具，都能体现出高贵大方的风格。

净化功能： 蝴蝶兰能在夜晚吸收空气中的二氧化碳，释放出氧气。

- 选盆：根据株型选择用盆，一般选用美观典雅的瓷盆。刚购买的蝴蝶兰可套盆，待春季再换盆。

- 土壤：喜疏松、排水和透气的土壤，常用苔藓、蕨根、树皮块、椰壳等，也可使用市面上出售的专用土。

- 水分：喜湿润，宜在通风、湿度高的环境中栽培养护。新根生长旺盛期要多浇水，花后休眠期少浇水。春秋两季每天下午日落前浇水1次，夏季植株生长旺盛，每天早、晚各浇1次水，冬季光照弱，温度低，隔周浇水1次，宜在上午10时前进行。如遇寒潮来袭，不宜浇水，保持干燥，待寒潮过后再恢复浇水。当室内空气干燥时，可用喷雾器直接向叶面喷雾，见叶面潮湿即可，但注意花期喷水不可将水雾喷到花朵上。自来水应贮存72小时以上方可浇灌。

- 施肥：施肥原则为薄肥勤施，忌浓肥，浓度以化肥包装说明上标称浓度再稀释1倍左右适宜，即1500~2000倍液，也可用蝴蝶兰专用肥。在生长期施氮钾肥，催花期施用磷钾肥。

每半个月施用 1 次即可。开花期及休眠期不施肥，但在花前和花后应注意适当补充肥料。

- 修剪：当花枯萎后，须尽早将凋谢的花剪去，这样可减少养分的消耗。如果将花茎从基部向上 4~5 节处剪去，2~3 个月后可再度开花。但这样植株养分消耗过大，不利于来年的生长开花。
- 繁殖方法：蝴蝶兰对栽培环境及技术要求较高，家庭中一般不自行繁殖。
- 病虫害防治：炭疽病喷洒一些等量式波尔多液加上百菌清溶液。灰霉病可将已经发病的花朵都剪掉，避免传染，然后喷洒代森锌可湿性粉剂。软腐病喷施退菌特可湿性粉剂。常见虫害有介壳虫和红蜘蛛。介壳虫可喷洒 30％毒死蜱微乳剂 1000 倍液，红蜘蛛可以喷洒 73％克螨特乳油 2000~3000 倍液。

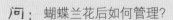

互动小问答：

问：蝴蝶兰花后如何管理？

答：蝴蝶兰花期一般在春节前后，观赏期可长达 2~3 个月。当花枯萎后，须尽早将凋谢的花剪去，这样可减少养分的消耗。如想来年再度开出好花，最好将花茎从基部剪下。此外，应适时更换老化的基质，否则透气性变差，会引起根系腐烂，使植株生长减弱甚至死亡。一般在新叶长出的 5 月份换盆为宜。

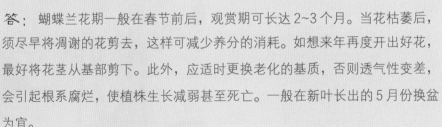

旺家贴士：蝴蝶兰被誉为"兰中皇后"，红色蝴蝶兰寓意仕途顺畅、幸福美满，适合送同事、上司。黄色蝴蝶兰寓意事业发达、生意兴隆，适合用作开业庆典等。红心蝴蝶兰象征着鸿运当头、永结同心，适合送给新婚夫妇。条点蝴蝶兰代表事事顺心、心想事成，能为朋友带来信心和鼓励。紫色和蓝色蝴蝶兰则分别适合送给爱人和闺蜜。

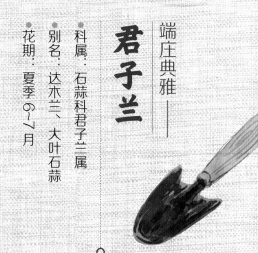

端庄典雅 ——

君子兰

- 科属：石蒜科君子兰属
- 别名：达木兰、大叶石蒜
- 花期：夏季6~7月

观赏特性： 君子兰是"四季观叶、三季看果、一季赏花"的名贵花卉，其株型端庄典雅，叶片对称挺拔、四季常青翠绿，花姿优美舒展、雍容华贵，花色艳丽多彩。

习　　性： 既怕炎热又不耐寒，喜欢半阴而湿润的环境，畏强烈的直射阳光，生长最佳温度在18~28℃，10℃以下和30℃以上生长受抑制。种植温度夏季不超过35℃，冬季不低于5℃。

选购要领： 应选购花蕾形成的植株。两侧叶片应对称，每侧叶片都在一个平面上，不交错，品相好。

摆放位置： 宜摆放在书房几案、地柜等处，摆放时叶片平行于向阳窗台，不宜多搬动，一般10天左右原地转180°，防止产生斜叶。

净化功能： 被誉为理想的"除尘器"，置于书房、客厅能大量吸收二氧化碳，释放氧气，并吸附微粒粉尘、灰尘和烟雾。

旺家贴士： 君子兰是喜庆、吉祥、高雅、宝贵的象征。每逢佳节，赠送亲朋好友一盆开花的君子兰，象征着和谐、美满。对于做生意的朋友，不要送未开花的君子兰，因为"夹箭"有不吉利、做生意容易失败等不好的喻义。

- 选盆：花盆大小根据植株叶片数量而定，10~15 片叶用直径 20 厘米盆，20~25 片叶用直径 30~40 厘米盆。春季或花后换盆，每 2 年换 1 次。

- 土壤：喜深厚、肥沃、疏松的微酸性沙壤土。

- 浇水：生长期每周浇水 2 次，保持盆土湿润。梅雨季节防止雨淋和积水，夏秋季干旱须保持盆土湿润，高温半休眠期盆土宜偏干，并多在叶面喷水，达到降温目的。冬季每周浇水 1 次。

- 施肥：底肥应在每 2 年 1 次的换盆时施用，施入厩肥（即禽畜粪肥）、堆肥、绿肥、豆饼肥等。生长期每月施肥 1 次，用腐熟的饼肥水。抽出花箭前加施磷钾肥 1~2 次。

- 修剪：花后不留种，应剪除花箭，随时剪除黄叶、病叶。

- 繁殖方法：多以分株法繁殖，能够保持原种的特性。分株在春季换盆时进行，当子株长至 6~7 片叶时可从母株上掰下子株直接盆栽。如子株根系少，可先用细沙栽植，待长出新根后再盆栽。一般须经 1~2 年方可开花。

- 病虫害防治：6~7 月易生白绢病，可用 50％甲基硫菌灵可湿性粉剂 500 倍液喷洒。虫害主要有介壳虫，可用 30％毒死蜱微乳剂 1000 倍液喷杀。

互动小问答：

问：如何预防"夹箭"（花箭不易抽出）现象？

答：温度太低、营养不足、盆土缺氧、伤根烂根等原因均有可能造成夹箭。可采取以下几种防治措施：花期温度保持 15~25℃，加施磷钾肥，秋季施含磷较高的液肥，抽出花箭前后施 1~2 次磷钾肥。若是根系问题，则需重新换土，所换土壤应包含 30％水分，换土后 5 天内不浇水，5 天后浇 1 次大水，之后正常管理。

此外，还可人工催箭，将市场上购买的君子兰促箭剂按说明书使用；也可用人工方法将夹箭处两侧的叶片撑开，但不能损伤叶片，以减少叶片对花箭的夹力，促使花箭尽快伸出长高。

美女樱

大地锦被

- 科属：马鞭草科马鞭草属
- 别名：草五色梅、铺地马鞭草、铺地锦
- 花期：5～11月

观赏特性： 花色有红、粉、白、紫、黄等多种，株丛矮密，花繁色艳，姿态优美，盛开时如花海一样，令人流连忘返。

习　　性： 喜温暖、湿润和阳光充足环境，怕干旱，忌积水。生长适温5~25℃，冬季能耐 -5℃低温。夏季高温对美女樱生长不利，温度超过 30℃，植株生长停滞。光照对美女樱的生长发育十分重要，从幼苗生长到开花均需充足阳光，才能使茎叶生长健壮，花枝密集，开花不断，花色鲜艳。

选购要领： 株型美观、丰满，株高不超过 20 厘米，叶片卵圆形、密集、深绿色，植株花蕾多并有部分已开放。花色丰富，以具白眼或双色者更佳。

摆放位置： 美女樱花期长、花色丰富，适合盆栽和吊盆栽培，装饰窗台、阳台和走廊，鲜艳雅致，富有情趣。但一定要放置在阳光充足处。

净化功能： 净化空气的优质盆栽，对二氧化硫等有毒气体有一定抗性，适合置于新装修的居室。

旺家贴士： 美女樱有"相守""和睦家庭"等花语，是狮子座守护花。小花聚生，犹如绣球，寓意"家和万事兴"，适合赠送给乔迁新居的亲友。

- 选盆：直径 12~15 厘米盆，每盆栽苗 3 株；吊盆用直径 20~25 厘米盆，栽苗 5~7 株。
- 土壤：以疏松肥沃的中性沙壤土为佳。
- 水分：美女樱在生长过程中对水分比较敏感，怕干旱又忌积水。幼苗期盆土必须保持湿润，有利于幼苗生长。成苗后耐旱性加强，如气温高，耗水量大，要注意保证充足水分。若阴雨天较多时，轻者枝蔓徒长细弱，开花减少，重者茎叶逐渐萎蔫，甚至死亡。一般冬春应少浇水，夏秋要多浇水，切不可发生干旱，花期浇水时间以傍晚为好。这样被水压冲乱的植株可在夜间逐步恢复，不致影响白天观赏效果。
- 施肥：种植时施足基肥是关键。栽种前盆底要施入腐熟的有机肥和过磷酸钙作为基肥，以后每年冬季盖 1 厘米厚腐叶土补充基肥即可。美女樱以花朵繁艳和群体低矮整齐为美，故不可施肥过多，特别是氮肥不可过多，否则枝条徒长，整体效果受到影响。生长期每半个月需施复合薄肥 1 次，花期每月喷洒 1 次磷酸二氢钾。为控制植株高度，生长期可每月喷 1 次多效唑。
- 修剪：当幼苗长到 10 厘米高时需摘心，以促使侧枝萌发，株型紧密。同时，为了开花不断，在每次花后要及时剪除残花。
- 繁殖方法：常用播种法和扦插法繁殖。播种繁殖春、秋季均可进行，春季以室内盆播为主。发芽适温 20~22℃，播种后覆薄土，播后 14~20 天发芽，30 天后幼苗可移栽。扦插繁殖以 5~7 月为宜。剪取稍成熟枝条，长 8~10 厘米，

插于沙床，室温在 15~18℃，稍加遮阴，插后 14~21 天可生根，30 天可移栽上盆。

- 病虫害防治：常见白粉病、霜霉病，可用 70％甲基硫菌灵可湿性粉剂 1000 倍液喷洒。虫害有蚜虫、粉虱，可用 2.5％鱼藤精乳油 1000 倍液喷杀。

互动小问答：

问：美女樱花小、色淡是什么原因？

答：土壤过湿或长期处于半阴状态导致光照不足，会使美女樱枝蔓徒长细弱，开花减少，花朵变小，花色不鲜艳。严重的时候，茎叶会逐渐萎蔫，甚至死亡。所以要保证土壤见干见湿，并加强光照。

长春花

- 科属：夹竹桃科长春花属
- 别名：日日春、四时春、时钟花、雁来红
- 花期：5~11月

旺家贴士：长春花的花语是愉快的回忆、青春常在、坚贞。家中种植几盆长春花，有节节高升、越来越好的寓意。

观赏特性：花色有红、粉、紫等，为多年生草本植物。长春花的嫩枝顶端，每长出一片叶，叶腋间即冒出两朵花，因此它的花朵特多，花期特长，花势繁茂，生机勃勃，故有"日日春"之美名。

习　　性：喜温暖、稍干燥和阳光充足环境。生长适温为 13~24℃，冬季温度不低于 10℃。冬季若室温保持在 15~20℃，可持续开花不断。开春后可移至室外管理。生长期必须有充足阳光，叶片苍翠有光泽，花色鲜艳。若长期生长在荫蔽处，叶片发黄落叶。

选购要领：植株枝干粗壮，叶色深绿，花朵初开，株型美观者为佳。

摆放位置：长春花适用于盆栽、花坛和岩石园观赏，特别适合大型花槽观赏，无论是白花红心还是紫花白心，装饰效果都极佳。

净化功能：吸收二氧化碳。

- 选盆：直径 10~15 厘米盆可种植 3~5 棵。一般作一年生或二年生栽培。

- 土壤：宜肥沃和排水良好的沙壤土，耐瘠薄土壤，但切忌偏碱性。

- 水分：忌湿怕涝，盆土浇水不宜过多，过湿影响生长发育。尤其室内过冬植株应严格控制浇水，以干燥为好，否则极易受冻。露地栽培时盛夏阵雨后注意及时排水，以免受涝造成整片死亡。

- 施肥：当幼苗经过第一次摘心后进行正常的水肥管理，每 7~10 天浇 1 次氮磷钾复合肥液。自制液肥腐熟充分后也可以使用。

- 修剪：一般 4~6 片真叶时开始摘心，15~20 天后进行第二次摘心。摘心最好不超过 3 次，否则会影响开花质量。长春花最后一次摘心直接影响开花期，一般在摘心后 20~25 天开花。

- 繁殖方法：常用播种和扦插法繁殖。通常 4 月中旬播种，发芽适温 20~25℃，用腐叶土、培养土和细沙的混合土壤，播后 14~21 天发芽。出苗后在光线强、温度高的中午，需遮阴 2~3 小时。待苗高 5 厘米、有 3 对真叶时可盆栽。扦插可于春季或初夏剪取长 8~10 厘米嫩枝，剪去下部叶片，留顶端 2~3 对叶，插入沙床或腐叶土中，保持插壤稍湿润，室温 20~24℃，插后 15~20 天生根。需要注意的是，扦插苗的长势一般不如实生苗强健。

- 病虫害防治：黑斑病要先清理病叶，再用代森锌溶液喷洒。基腐病修剪后更新盆土，用三唑酮、多菌灵可湿性粉剂喷洒。虫害有红蜘蛛、蚜虫和茶蛾。红蜘蛛和蚜虫用 30% 毒死蜱微乳剂 1000 倍液喷杀，茶蛾喷施 90% 晶体敌百虫（美曲膦酯）800 倍液。

互动小问答：

问：长春花的叶子发黄是什么原因？

答：很多原因都会引起长春花叶子发黄。浇水过多会使老叶发黄，新叶嫩黄，所以要严格控制浇水，雨季要注意排水。新叶萎蔫、老叶发黄脱落则说明植株缺水，盆土干透要立即浇水，浇水要浇透。施肥过多过浓会造成烧根，整株长春花萎靡不振、生长缓慢、开花少、花瓣变小，因此要注意施肥的浓度和频率。土壤偏碱性也会导致长春花叶子发黄、不开花，最好换土另种。此外，透水透气性差的土质也会导致频繁黄叶和落叶，要选用排水性能良好的沙质土壤来种植。

球根观花植物 第五章

芳香浓郁——

香雪兰

科属：鸢尾科香雪兰属

别名：小苍兰、香鸢尾、洋晚香玉

花期：1~6月

观赏特性： 花色有白、黄、粉、桃红、玫红、紫红、雪青、蓝紫及复色。其株态清秀，花色丰富，芳香浓郁，花期较长，且花期正值元旦、春节，故深受人们喜爱。

习　性： 喜冷凉气候，秋凉生长，春天开花，入夏休眠。香雪兰耐寒性较差，不能露地越冬。生长适宜温度为15~20℃，越冬最低温为3~5℃。花芽发育期要求较高温度，低于18℃会推迟花期，花茎缩短。喜阳光充足，短日照条件有利其花芽分化，而花芽分化之后，长日照可以提早开花。

选购要领： 植株矮壮，叶片肥厚碧绿，无黄叶、老叶，花蕾多且有初开花朵，以复色者为最佳。

摆放位置： 可作盆花点缀厅房、案头，也可切花瓶插或做花篮。在温暖地区可栽于庭院中作为地栽观赏花卉。

净化功能： 香雪兰能吸收空气中的二氧化氮，俗名"姜花"，其香味有镇定神经、消除疲劳、促进睡眠的作用。

旺家贴士： 有纯洁、浓情、幸福等花语，适合亲朋好友之间互赠。家中摆上几盆香雪兰，有清心静神之功效。

- 选盆：直径 10 厘米盆可种植开花种球 5~7 个。
- 土壤：喜肥沃、疏松的沙壤土。
- 水分：浇水不可太多，以防叶子徒长。在开花阶段不能缺水，否则花朵萎蔫不能复原。一般每 2~3 天浇水 1 次。花后逐渐减少浇水，直至叶片变黄时停止浇水，以利种球成熟。

- 施肥：种植前需施足基肥，等苗高 3~4 厘米时开始追肥，每半个月施 1 次稀豆饼水。香雪兰比较耐肥，若肥水适当，花大香味浓。进入花期要停止施肥，以延长花期。
- 修剪：无需特别修剪，及时剪掉老叶、枯叶或病叶即可。花后及时剪去花枝。
- 繁殖方法：多用分球法繁殖。香雪兰的球茎栽种后，在老球的基部能形成新球，在新球的基部又能产生子球，这种子球需培养1~2年后才能成为开花的大球。花后常规养护管理，一直到6、7月间，叶枯后将种球挖出，晾干收藏，等到9、10月将种球和子球分别种植。子球头一年不开花，第二年或第三年5月即发育为成球开花。

- 病虫害防治：预防软腐病可在栽植前用链霉素350~700单位/毫升浸泡30分钟。根腐病可用65％代森锌可湿性粉剂500倍液浇灌。发现花叶病应及时销毁病株。有蚜虫可喷洒30％毒死蜱微乳剂1000倍液防治。

互动小问答：

问：如何预防香雪兰徒长倒伏？

答：香雪兰在室内栽培过程中，往往会出现植株细弱徒长，花梗抽出后容易弯曲倒伏的现象，影响观赏价值。为此，需进行矮化处理，即在秋季种植前，将贮藏的种球用多效唑溶液浸泡15~20小时，取出用清水洗净后种植。经过处理后的香雪兰出苗整齐，叶色浓绿，叶片宽度增加，长度减少，花香更浓郁。

鲜艳夺目——

朱顶红

- 科属：石蒜科朱顶红属
- 别名：百枝莲、朱顶兰、孤挺花、华胄兰
- 花期：5~6月

观赏特性： 花色有红、粉、白等。其花枝亭亭玉立，叶片肥厚有光泽，喇叭形花朵着生顶端，朝阳开放，花色柔和艳丽，格外悦目。

习　　性： 朱顶红喜温暖，不喜高温，不耐寒，生长适温 18~25℃。冬季休眠期要求冷凉的气候，以 10~12℃为宜，不得低于 5℃。长江以南地区可露地越冬，北方地区需入室越冬。夏季高温需搬入室内，适当降温。喜阳光，但忌阳光暴晒。宜放置在光线明亮、通风好、没有强光直射的窗前。盛夏尤其怕晒，应置荫棚下养护。

选购要领： 以株型美观、叶片肥厚、花箭已经长出者为佳。复色或重瓣的品种更好。

摆放位置： 陈设于客厅、书房和窗台。除盆栽观赏以外，还常常配植露地庭园形成群落景观，增添园林景色。

净化功能： 吸收空气中的二氧化碳。

- 选盆：直径 20 厘米盆种植 2~3 棵。每年秋季换盆 1 次，两年换土 1 次。
- 土壤：喜富含腐殖质、排水良好的沙壤土。
- 水分：喜湿润，应经常浇水保持植株湿润，但忌水分过多、排水不良。春、夏、秋三季根据情况每 5~7 天浇水 1 次；冬季休眠期浇水量减少到维持鳞茎不枯

萎为宜，一般每 15~20 天浇水 1 次。

- 施肥：喜肥，盆栽可加一些过磷酸钙作基肥。早春朱顶红长出新叶后，每周施 1 次以磷钾为主的肥料，如枯饼、骨粉、腐熟鱼杂液等。少施或不施氮肥，以免叶片徒长，影响花芽的分化和开花。直至花箭抽出方可停止施肥，否则易出现提前落花、落蕾的现象。花后继续施肥，以磷钾肥为主，减少氮肥。在入冬前停止施肥。

- 修剪：朱顶红花谢后要及时剪掉花梗，让养分集中在鳞茎上。

- 繁殖方法：常用分球法繁殖。分球于 3~4 月进行，将母球周围的小球取下另行栽植。栽植时覆土不宜过多，以小鳞茎顶端略露出土面为宜。经缓苗后正常管理施肥，经 2 年培育便能开花。

- 病虫害防治：病害主要有斑点病、病毒病和紫斑病。斑点病发生时要及时摘除病叶。病毒病用 75％百菌清可湿性粉剂 700 倍液喷洒。紫斑病防治用 75％百菌清可湿性粉剂 600 倍液喷雾。虫害主要有红蜘蛛，可用 73％克螨特乳油 2000~3000 倍液喷杀。

互动小问答：

问：新得到的朱顶红种球，该如何处理？

答：根据种球的情况来处理，如果已经发芽，那就及时种下；如果温度能保持在 15℃以上，也可以随时播种；如果温度长期不足 15℃，就把种球放在冷凉、干燥的地方保存；如果种球有腐烂发软的迹象，则要挖去腐烂部分，用多菌灵水溶液浸泡进行消毒处理，然后再播种或贮藏，一般受伤后对来年开花有一定影响。

旺家贴士：朱顶红花语是渴望被爱，追求爱，适合送给爱人。新婚夫妻的新居尤其适合种植朱顶红，象征日子红红火火，蒸蒸日上。

凌波仙子——

水仙

- 科属：石蒜科水仙属
- 别名：凌波仙子、金盏银台、落神香妃
- 花期：1~4月

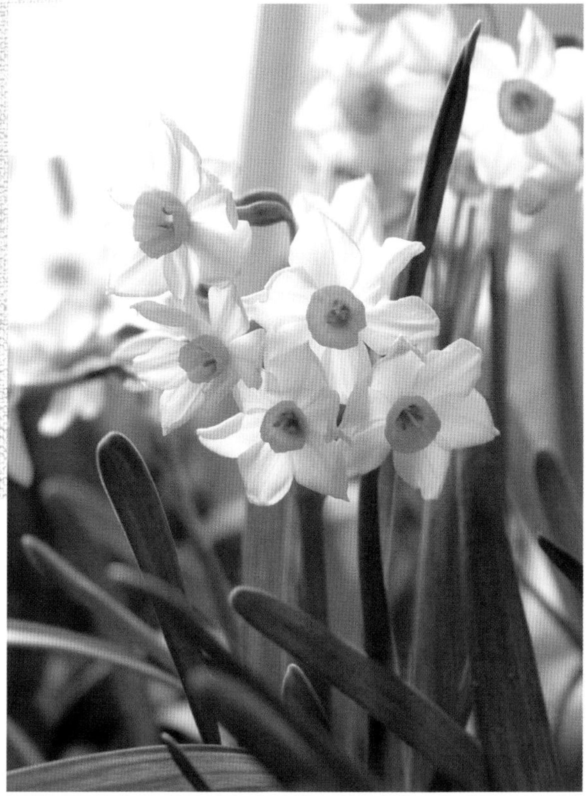

旺家贴士：水仙有多情、想你、自尊、自信等花语。逢年过节送水仙给亲朋代表思念之意；送给女朋友或者是暗恋对象就表示我喜欢你；送给长辈和领导，则表示尊敬。

观赏特性：水仙为我国十大名花之一，每过新年，人们都喜欢水培水仙作为年节花卉。水仙的根，如银丝，纤尘不染；水仙的叶，碧绿葱翠传神；水仙的花，如金盏银台，高雅脱俗，婀娜多姿，清秀美丽，清香馥郁。

习　　性：水仙生长适温为12~15℃。抽出花薹后室温保持15~20℃时，20~30天即可开花。开花后，花期长短随室温变化而变化。当室温高于13℃时，花期只有7天左右；若室温保持4℃左右，花期可长达1个月之久。水仙性喜阳光，白天要放置在阳光充足的向阳处给予6小时以上的光照，这样才可以使水仙花叶片宽厚、挺拔，叶色鲜绿，花香扑鼻；反之，则叶片高瘦、疲软，叶色枯黄，甚至不开花。

选购要领：造型佳，叶片深绿、矮壮、肥厚，花茎粗壮、挺拔，鳞茎个大、充实饱满，外皮褐色、无霉烂残破。

摆放位置： 水仙是元旦、春节最理想的冬令时花之一，摆放在茶几、窗台、书桌上，欣赏它翡翠般的碧叶丛中抽生出的洁白花朵，亭亭玉立，不时散发出阵阵清香，显得格外清新怡人。

净化功能： 水仙能在夜间吸收大量二氧化碳，净化空气，还可以吸收油烟中的有害物质。

- 选盆：圆形或椭圆形盛水容器均可，根据球茎的大小选择。

- 土壤：栽种水仙不需要土壤，用清水养在浅盆中即可，可在盆中加入小石子固定鳞茎。

- 水分：自来水在使用前需要放在太阳下晾晒 1~2 天，让其中的有害物质挥发出去。水深以浸没鳞茎球的 1/3 处为宜。刚上盆时，每天换 1 次水，而后逐渐改为每 2~3 天换 1 次水。花苞抽出后每周换水 1 次，约 40 天即可开花。还可通过水控制花期，想推迟花期可傍晚把盆水倒尽，次日清晨再加清水；想提前花期可采用给水加温的方法催花，水温以接近体温为宜。

- 施肥：水仙水培时，一般不需施肥。若有条件，在开花期可稍施速效磷钾肥，使花开艳丽。

- 修剪：需要保留种球时，花后要剪去残花及枝叶。

- 繁殖方法：水仙球经水养开花后，消

耗了大量养分，特别是市场上出售的经过雕刻的水仙，养分已消耗殆尽，无保留价值。没有雕刻过的水仙，可作种球继续培养。具体方法是在花后的5、6月份，将已经进入休眠的水仙鳞茎挖起，剪去黄叶，晾干后贮藏起来，到秋季9、10月份再栽种。经过2~3年培育它又可开花。也可将主球旁边的小鳞茎分离出来单独种植，但需要比较长的时间才能长成开花的主球。

● 病虫害防治：水仙病虫害有大褐斑病、基腐病、刺足根螨等。大褐斑病发病初期可喷洒75％的百菌清可湿性粉剂600倍液，基腐病用50％多菌灵可湿性粉剂800倍液及时浇灌植株根部，刺足根螨用73％克螨特乳油2000~3000倍液喷杀。

互动小问答：

问：如何预防水仙"哑花"？

答："哑花"是指水仙花中途夭折，花蕾枯萎变黄，未开先衰。鳞茎质量差、切割不当、水培方法不当等都可能造成"哑花"。因此，选择种球时要选饱满而肥大、主鳞茎扁圆形、侧鳞茎端正、鳞茎皮层粗糙呈深黑色且已经完成切割的。水培时最好使用雨水或池塘水，如用自来水，应先静置1天以上再用，并注意经常换水。然后放在通风向阳处养护，空气干燥时可向叶面喷雾。

青春洋溢——

酢浆草

- 科属：酢浆草科酢浆草属
- 别名：酸浆草、三叶酸
- 花期：4~11月

观赏特性： 花色有黄、红、白、紫、粉、橙等，春夏秋不间断开花，以春秋季凉爽时花开最盛。酢浆草低矮，生长快，开花时间长，花开时节十分壮观，因此它是很好的园林绿化和家庭观赏花卉。

习　　性： 喜温暖环境，不耐寒。发芽适温 15~20℃，生长适温 15~30℃，夏季气温超过 36℃以上时，叶片易卷曲枯黄。温度低于 5℃时，地上部分枯死，来年春季会再次萌发。酢浆草喜阳光，春秋两季可接受全日照，但夏季必须遮阴。家庭盆栽，夏季可将其搁放于室内的东向或北向窗前。叶片向光性较强，要时常更换植株摆放的位置，使盆栽植株受光均匀、生长匀称。

选购要领： 植株矮壮匀称、花葶多且有初开者为佳。重瓣及复色品种尤佳。

摆放位置： 客厅、书房、阳台、露台等阳光充足的地方。

净化功能： 净化空气，吸收二氧化碳。

旺家贴士： 酢浆草的花语是璀璨的心、爱国。传说中四叶的酢浆草代表着幸运。家中摆放鲜艳的酢浆草，能让生活变得更加美好幸福。

- 选盆：直径 10 厘米盆种植 3~5 颗种球。

- 水分：喜湿润，春秋两季要保持盆土水分充足，但不能有积水。夏季短暂休眠，不宜浇水过多，可以喷代浇，以维持盆土微润、空气湿润为好。秋末冬初，当室温低于 10℃时，植株已停止生长，应控制浇水，宁干勿湿，以防球茎腐烂。一年四季都要保持较高的空气湿度，且通风透光。

- 施肥：较喜肥，并且要求氮、磷、钾三要素均衡。在生长季节，应每月浇施 1 次稀薄的有机肥，可用沤制过的稀薄饼肥水或鸽粪液等。施肥时，不要将肥液溅于叶面上，以免引起叶部病害。盛夏时节应停止施肥，待天气稍凉后再恢复施肥。冬季停止施肥。家庭盆栽为了干净卫生和方便起见，春秋两季可以浇施 0.1％尿素加 0.2％磷酸二氢钾混合液。

- 修剪：无须修剪，及时摘除病、老、黄叶即可。花后剪去残花。

- 繁殖方法：播种或分球繁殖均可。播种以秋季为好，用过筛的培养土于室内盆播，覆盖薄膜或加盖玻璃保湿，维持 15~20℃ 的发芽适温，播后约过 2 周即可发芽。苗期应加强水肥管理，当年即可分栽或上盆观赏。

分球繁殖全年均可进行，但以春秋两季为好。将地栽植株挖起或从花盆中脱出，抖去大部分宿土，用手指轻轻掰开球茎，每盆栽 3~5 个鳞茎球，过多的叶片可摘去一些，也可不带叶片栽种。然后置于阴凉处养护，保持 13~18℃ 的室温，可很快生根展叶，长成新植株。

病虫害防治：常见的病害主要有叶斑病、根腐病和灰霉病。叶斑病和根腐病可用 70% 甲基硫菌灵可湿性粉剂 1000 倍液喷洒，灰霉病可用 50% 多菌灵可湿性粉剂 500~800 倍液进行防治。石螨为害需 50% 久效磷乳油和 30% 毒死蜱微乳剂 1000 倍液交替使用，桃蚜可用 45% 马拉硫磷乳油 1500 倍液喷杀。

互动小问答：

问：酢浆草休眠期如何养护？

答：大部分酢浆草品种在 4~7 月之间休眠，若发现酢浆草大部分叶片变黄，就可以断水，等到地上部分完全枯萎后，再等 1~2 周就可以起球，放置在阴凉、干燥处保存。不想起球也可将盆放置在背阴处，保持盆土干燥，等到 9 月份后再浇水，这样鳞茎球也会苏醒。

踏云而来

仙客来

- 科属：报春花科仙客来属
- 别名：萝卜海棠、兔耳花
- 花期：11月至翌年3月

旺家贴士： 仙客来的花名有喜迎贵客之意，常用来赠送贵客，寄托美好祝愿。家中种植仙客来，有祝福生活越来越好的美好寓意。

观赏特性： 花色有红、粉、紫、白等，其花形别致，娇小玲珑、姿态优美，有的品种有香气，观赏价值很高。其脱俗的花朵立于高挺的花茎之上，高低错落的景致犹如展翅飞来的鸟群，让人联想起仙人踏云而来的风采。

习　　性： 喜温暖的环境，适宜白天20℃左右、晚上10℃左右的环境，幼苗期温度可稍低一些。不耐高温与严寒，最高温度不可超过30℃，否则会进入休眠状态，35℃左右的高温易腐烂坏死。冬季最好保持在10~20℃之间，低于5℃时，生长受到抑制，叶片卷曲，花朵也开放不佳，颜色暗淡。夏季要置于湿润通风处，盆土保持干燥状态，使其充分休眠越夏。仙客来喜阳光，生长期需要充足的光照条件方可开花持久，花色鲜艳。置于半阴处也只能作短暂欣赏，要避开荫蔽环境，否则叶色与花色都会变淡，植株衰弱，严重者很难恢复，直至衰败枯竭。

选购要领：株型饱满匀称、花朵初开且朝下者为佳。叶子里最好还有一茬花苞，无黄叶和病叶。

摆放位置：仙客来是冬春季节名贵盆花，花期长，可达5个月，且花期适逢元旦、春节等传统节日，常用于室内花卉布置。仙客来摆放在书房可以安神静气，摆放在客厅则让人感受到平安喜乐。仙客来也适宜做切花，水养持久。

净化功能：吸收二氧化硫的能力比较强，并且能使室内空气中的负离子含量增加和空气湿度提高。

- 选盆：直径10~15厘米盆，每年春季翻盆换土。
- 土壤：喜疏松、肥沃、富含腐殖质、排水良好的微酸性沙壤土。
- 水分：喜湿润，不耐干燥。生长期间需每天保持土壤湿润，且水量不宜过大，冬季不可置于暖风能直接吹到的位置，防止因风干而萎蔫干枯。浇水时要避开花朵，防止花朵提前凋谢，水温应与室温相近。忌积水或渍涝，否则根系一旦腐烂，全株就会很快死亡。
- 施肥：喜肥，生长发育期每10天施肥1次，并逐步多见阳光，不使叶柄生长过长，影响美观。当花梗抽出至含苞欲放时，增施1次骨粉或过磷酸钙。花期停止施用氮肥。花后再施1次骨粉，以利果实发育和种子成熟。
- 修剪：随手摘除枯黄叶和老叶，剪除开败的残花。
- 繁殖方法：播种繁殖。仙客来从花谢至种子成熟约需两个半月，当果实发黄变软，顶部呈现微裂时就要采摘，晾3~4天再晒干储藏。一般种子有效期为3年。仙客来以立秋后至小雪前播种较好，播前将种子用水浸泡一夜，能提前发芽。常用点播法，一般播于盆中，穴距约2厘米，盖上厚约1厘米土，盆面盖玻璃片。播种后保持土壤湿润，约经40天出芽。幼苗生出2片子叶后，就可移入小盆，按成长情况渐次更换大盆。栽种时小块茎不要埋得太深，一般使它的顶部与土面齐。培育 2 年可开花。

- 病虫害防治：仙客来常见的病害有灰霉病、炭疽病、叶腐病等。灰霉病可喷施 70％甲基硫菌灵可湿性粉剂 1000 倍液防治，炭疽病可喷施 50％多菌灵可湿性粉剂 800 倍液防治，叶腐病可用土霉素 2000 倍液涂抹受伤叶片防治。常见的虫害是仙客来螨，可用 73％克螨特乳油 2000~3000 倍液喷杀。

互动小问答：

问：仙客来叶子发黄如何应对？

答：叶子发黄有以下 4 种情况：一是叶子卷曲发黄，说明植株缺乏营养了，需及时施肥。二是花茎腐烂，花叶都发黄，可能是浇水太多，出现烂根，要停止浇水，等土壤干透之后再浇水。三是叶子发黄并且干枯，说明盆土透气性差，或盆土过干，可以更换一些透气性比较好的土壤，并且注意浇水。四是叶面出现干枯发黄，有可能是水浇在叶子上导致的，浇水宜从根部浇灌，叶面上的水渍及时用软布擦干。

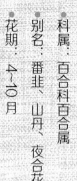

圣洁吉祥——

百合

- 科属：百合科百合属
- 别名：番韭、山丹、夜合花
- 花期：4~10月

观赏特性： 百合花为百合科花卉中一种艳丽的香花，别具一格。它品种繁多，花色五彩缤纷，润泽鲜艳，姿容优美。花形如长号，花柱伸出唇外，宛如蝴蝶的触须，迎风摇曳，惹人爱怜。其植株亭亭玉立，碧绿苍翠，秀色可餐，休闲观看令人赏心悦目。

习　　性： 百合喜凉爽环境，忌酷暑，耐寒性较差。生长、开花适温为16~24℃，温度高于30℃会严重影响生长发育，发生消蕾，开花率也明显降低，低于10℃生长近乎停滞。喜柔和光照，也耐强光照和半阴，光照充足则植株健壮矮小，花朵鲜艳。

选购要领： 选择茎秆强健而粗壮、花朵向上或上倾、花色明快鲜艳、花朵能维持观赏时间长、对光照敏感度较小的品种。

摆放位置： 适合摆放在客厅、阳台、窗台等通风的地方。百合香气浓郁，花粉重，不适宜摆放在卧室，黄昏时分则要搬到房间外面。

净化功能： 百合有明显的消除有害气体的功能，能消除空气里的一氧化碳及二氧化硫。此外，它所散发出来的挥发性油类，还有明显的杀菌和消毒作用。

旺家贴士： 百合为世界著名的花卉之一，是重要的切花材料。百合意味着"百事合意""百年好合"等，象征着吉祥、圣洁、团圆、喜庆、幸福、美满等，尤其适宜送给新婚夫妻和幸福美满的家庭。

- 选盆：直径 15~20 厘米盆，每盆种植 3~5 棵。

- 土壤：适宜土层深厚、肥沃疏松的沙质壤土，黏重的土壤不宜栽培。

- 水分：喜土壤湿润。土壤过于潮湿、积水或排水不畅，会使百合鳞茎腐烂死亡。盆栽百合浇水应随植株的生长而逐渐增加，花期供水要充足，花后应减少水分，地上部分枯萎后要停止浇水。

- 施肥：开花前使用促生根水溶肥，能够促进根系的生长，开花后使用高氮高钾型水溶肥，能够延长花期，让花色鲜艳有光泽，提高观赏价值。

- 修剪：花谢后把枯萎的地上部分剪去，平时注意修剪黄叶、枯叶。

- 繁殖方法：百合种子的寿命极短，且播种实生苗需培养多年才能开花，因此多采用分球繁殖。通常老鳞茎的茎盘外围长有一些小鳞茎。在 9~10 月收获百合时，可把这些小鳞茎分离开来，贮藏在室内的沙中越冬。第二年春季上盆栽种，培养到第三年可见开花。家养百合待花谢后，将地上枯萎植株去掉，放在阳台边角处，到第二年春天再取出鳞茎种在盆中，秋季发芽后可进行分栽。

- 病虫害防治：常见病害有绵腐病、立枯病、病毒病、叶枯病、黑茎病等，需增施磷钾肥，拔除病株烧毁，用多菌灵、甲基硫菌灵、代森锌等药液喷洒。常见虫害有蚜虫、蛴螬、螨类，蚜虫可喷 30％毒死蜱微乳剂 1500 倍液，蛴螬可用马拉硫磷、锌硫磷乳油喷杀，螨类可用杀螨剂喷杀。

互动小问答：

问：百合落蕾现象如何防止？

答：首先要保证充足的光照，同时在种植期间不能缺水，要保持土壤湿润。

端庄美丽——

郁金香

- 科属：百合科郁金香属
- 别名：洋荷花、草麝香、郁香、荷兰花
- 花期：3~5月

观赏特性： 郁金香是世界著名的球根花卉，还是优良的切花品种。植株刚劲挺拔，叶色素雅秀丽，花朵端庄美丽，花色繁多，形似高脚酒杯，细赏之下有如春风扑面，令人心旷神怡。

习　　性： 喜冬季温暖、夏季凉爽的气候，生长适温为 9~13℃。耐寒性强，冬季可耐 -10℃的低温。花芽分化的适温为 17~23℃，超过 35℃时，花芽分化会受到抑制。生长期喜充足阳光，花期应防止阳光直射，以延长开花时间。

选购要领： 植株健壮、枝叶饱满、茎较短且叶片紧凑、无病虫害、已经现蕾者为佳。

摆放位置： 适合摆放在客厅、书房、餐厅等光线充足处，定期搬出室外养护一段时间。卧室不宜摆放郁金香。

净化功能： 郁金香能够检测出环境中是否有氟化氢。若有氟化氢，其花朵就会枯萎，叶片就会发黄。

旺家贴士：郁金香的花语为博爱、高雅、富贵、能干、聪颖。赠送给恋人宜选紫色、红色、白色郁金香。赠朋友选粉色和黄色的郁金香，代表友谊地久天长。贺喜适宜送金色郁金香，取金郁（玉）良缘之意。

- 选盆：直径 15~18 厘米的泥盆或塑料盆，每盆种 3~5 棵。
- 土壤：喜腐殖质丰富、疏松肥沃、排水良好的微酸性沙质壤土，忌碱土和连作。
- 水分：种植后应浇透水，使土壤和种球能够充分紧密结合而有利于生根，出芽后应适当控水，待叶渐伸长，可在叶面喷水，增加空气湿度。抽花薹期和现蕾期要保证充足的水分供应，以促使花朵充分发育。开花后适当控水，花谢后停止浇水。生长期间，空气湿度以保持在 80% 左右为宜。
- 施肥：较喜肥，栽前要施足基肥。一般采用干鸡粪或腐熟的堆肥作基肥并充分灌水，定植前 2~3 天仔细耕耙确保土质疏松。种球生出两片叶后可追施 1~2 次液体肥，生长旺季每月施 3~4 次氮、磷、钾均衡的复合肥，花期要停止施肥，花后施 1~2 次磷酸二氢钾或复合肥的液肥。
- 修剪：花谢后，除预定留种的母株外，其余的均应及时剪除花茎，以便使养分集中供给鳞茎发育。
- 繁殖方法：多采取分球法繁殖。当年栽植的母球经过一季生长后，在其周围同时又能分生出 1~2 个大鳞茎和 3~5 个小鳞茎。种下 10 天开始生根发芽。可按种球大小分开种植，大球栽后当年可开花，小球培养 1~2 年也能开花。

- 病虫害防治：病害主要有腐朽菌核病、灰霉病和碎色花瓣病。首先是尽可能选用无病毒种球，并进行土壤和种球的消毒，及时焚烧病球、病株等。虫害主要有蚜虫和根螨，蚜虫用 10％吡虫啉可湿性粉剂 1000 倍液喷杀，根螨用 50％乙酯杀螨醇 1000 倍液浇灌鳞茎。

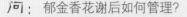

互动小问答：

问：郁金香花谢后如何管理？

答：春季花期过后，待叶枯萎时掘出球茎，放在通风的阴凉处干燥。干后剥离子球，贮藏在阴凉通风处，待 9~10 月再种植鳞茎。

观叶植物 第六章

绿萝

科属：天南星科藤芋属

别名：黄金葛、黄金藤

旺家贴士： 绿萝遇水即活，因顽强的生命力，被称为"生命之花"，有坚韧善良和守望幸福的含义。家中种植绿萝能净化空气，同时提升绿意。

观赏特性： 绿萝是非常优良的室内装饰植物之一。其萝茎细软，叶形美观，株型飘逸，是线条活泼、色彩明快的绿饰。绿萝极富生机，能给居室平添融融情趣。

习　　性： 喜温暖、湿润和半阴环境。生长适温 15~25℃，冬季气温不低于 15℃，低于 10℃时，叶片开始柔软而卷曲，茎腐烂。

选购要领： 植株要求端正，下垂枝叶整齐、匀称，叶片厚实、绿色，无缺叶或断枝。叶片斑纹清晰，没有黄叶和病虫害痕迹。

摆放位置： 刚买回的吊盆，可悬挂在距朝南或朝东南窗台 1 米的上方，盆土保持湿润，浇水不能过多。空气干燥时应向叶面喷雾。

净化功能： 既可吸收甲醛等装修污染，又能防辐射，还能吸收二氧化碳，释放氧气，是极好的空气"清新剂"，适宜新装修房摆放。

- 选盆：盆植选直径 10~15 厘米盆，吊盆栽培用直径 15~18 厘米盆，每隔 2 年春季换盆。

- 土壤：喜富含腐殖质、疏松肥沃、微酸性的土壤。

- 水分：春夏季每周浇水 1 次，保持盆土湿润，并常向叶面喷水。冬季每半个月浇水 1 次，盆土保持稍干燥。

- 施肥：5~8 月生长期每半个月施肥 1 次，用稀释的饼肥水或"卉友"通用肥。

- 修剪：剪除生长过密枝、交叉枝、徒长枝，使其通风透光，以利于生长。

- 繁殖方法：采取扦插法繁殖，剪取长 20 厘米一段的健壮茎节，去掉基部叶片后用水苔包扎或直接盆栽，保持较高空气湿度，约 1 个月后生根并萌发新芽。也可将剪下的茎蔓 20~30 厘米长插于清水中培养，每 2~3 天换水 1 次，3~4 周可生根。

- 病虫害防治：易生叶斑病和炭疽病，可用 65％ 代森锌可湿性粉剂 500 倍液喷洒。

互动小问答：

问：绿萝出现叶片变黄和掉叶是什么原因？

答：绿萝叶片变黄、掉落的原因有很多，枝条生长过多过密、长期摆放在光线较差的位置、浇水过多、室温过低或过高以及通风不畅，遭受虫害等因素都会引起叶片变黄和脱落。

繁茂圆润

铜钱草

科属：伞形科天胡荽属

别名：香菇草、圆币草

观赏特性： 铜钱草小巧玲珑，叶色翠绿，叶子呈圆形或者肾形，像古代的铜钱，象征着富贵、团圆，既显贵气又免落俗套。

习　　性： 喜温暖环境，但不耐寒，在 10~25℃ 的环境中生长良好，夏季温度升至 32℃ 以上时会停止生长，冬季温度不得低于 5℃。喜半阴环境，以半日照为佳，忌强烈阳光直射。

选购要领： 植株矮壮，造型美，叶片翠绿，繁茂圆润，无缺叶、残叶，无病斑、焦斑，有光泽。

摆放位置： 小巧可人的铜钱草既可盆栽又可水养，适合摆放在书房、客厅、窗台、阳台和卫生间。

净化功能： 铜钱草青翠碧绿，使人心情愉快，且能缓解视觉疲劳。水养在鱼缸中可净化水质，半土半水养可增加空气湿度，调节室内小气候。

- 选盆：盆栽可用直径 8~12 厘米陶盆、塑料盆、瓷盆等，每盆栽苗 5~7 株。也可放鱼缸中水培。

- 土壤：喜肥沃疏松、吸水量大、保水性好的黏壤土，也可水培。

- 水分：北方自来水要日晒静置 1~2 天才可使用。生长期要充分浇水，保持盆土湿润。室内养护要经常喷水。

- 施肥：生长期每月施肥1次，要控制氮肥用量，防止茎叶徒长，冬季停止施肥。

- 修剪：一般不需要进行大量修剪，叶过密时需及时摘除枯萎的底叶和外层老叶、病叶，以改善光照、通风条件。春季当盆内长满根系时换盆，并分株整形。如植株生长过高，应修剪压低，促使茎叶基部萌发新枝。

- 繁殖技巧：3~5月进行扦插或分株。扦插需剪下3~5个节的茎，清理下部叶片后插入土里，浸盆法浇水，平时喷水保湿，7~10天即可生根。分株可剪下植株的白根，3~4厘米长，用松软的专用栽培土固定好，放置于荫凉处，保持土壤湿润，一周左右新叶生出后逐渐移到有阳光的地方正常养护。

- 病虫害防治：铜钱草的叶片和嫩枝易遭蜗牛危害，可在傍晚人工捕捉灭杀，或用3％石灰水100倍液喷杀。

互动小问答：

问：铜钱草叶片发黄是什么原因？

答：主要原因有以下几种：一是盆土长期过湿或过干，没有做到见干即浇。二是长期置于通风条件差的环境下。三是叶面长期不喷水清洗，积累了灰尘，阻碍了光合作用。

旺家贴士：铜钱草有"财运滚滚"的花语，叶片圆圆，形似铜钱，寓意招财、旺财。

清丽婉约

吊兰

科属：百合科吊兰属

别名：挂兰、钓兰、折鹤兰

观赏特性： 吊兰叶片细长柔软，四季常绿，既刚且柔，形似展翅跳跃的仙鹤，故有"折鹤兰"之称。吊兰枝叶婉约地飘荡在空中，似蝴蝶轻舞，又如礼花四溢，让人回味无穷。其特殊的外形构成了独特的悬挂景观和立体美感，可起到别致的点缀效果。吊兰的园艺品种除了纯绿叶之外，还有大叶吊兰、金边吊兰、金心吊兰和斑叶吊兰等。

习　　性： 喜温暖、半阴环境。生长适温为18~20℃，冬季气温不低于7℃，低于4℃时易生冻害。对光照的要求不高，一般适宜在中等光照条件下生长，怕强光暴晒，耐弱光。

选购要领： 植株要求整齐，子株悬挂匀称，不凌乱。叶片青翠、光亮，无缺损。运输途中要防止枝叶折断。

摆放位置： 适合摆放在案几、窗台，或装饰在明亮居室的花架上，避开阳光直射。

净化功能： 吊兰有"吸毒能手"的美称，能吸收室内的一氧化碳、过氧化氮、甲醛、尼古丁等有害物质，尤其适合放置在刚装修过的居室中。

第六章　观叶植物

153

旺家贴士： 吊兰有"青春永驻"的花语，被誉为"天然空气净化器"，是祝贺亲友喜迁新居的首选。

- 选盆：盆栽或吊盆栽均用直径 15~20 厘米盆，每盆栽苗 3~5 株。
- 土壤：一般在排水良好、疏松肥沃的沙质土壤中生长较佳。不耐盐碱。
- 水分：吊兰喜湿润环境，盆土宜经常保持潮湿。生长期须充分浇水，每月用 25℃温水淋洗 1 次。夏季每周浇水 2 次，冬季每周浇水 1 次。空气干燥时向叶面喷水。冬季 5℃以下时少浇水，盆土不要过湿，否则叶片易发黄。

- 修剪：平时随时剪去黄叶。每年 3 月可翻盆 1 次，剪去老根、腐根及多余须根。5 月上中旬将吊兰老叶剪去一些，会促使萌发更多的新叶和小吊兰。
- 施肥：生长季节每两周施 1 次液体肥。花叶品种应少施氮肥，否则叶片上的白色或黄色斑纹会变得不明显。环境温度

低于 5℃时停止施肥。

- 繁殖方法：吊兰适应性强，成活率高，一般用分株法繁殖。分株繁殖除冬季气温过低不适宜进行外，其他三季可随时进行。分株时，将吊兰植株从盆内托出，除去陈土和朽根，将老根切开，使分割开的植株上均留有 3 个茎，然后分别移栽培养。也可剪取吊兰匍匐茎上的簇生茎叶（实际上就是一棵新植株幼体，上有叶，下有气根），直接将其栽入花盆内培植即可。

- 病虫害防治：主要有灰霉病、炭疽病和白粉病，发病初期用 50％ 多菌灵可湿性粉剂 600 倍液喷洒。虫害常见蚜虫，可用 50％ 灭蚜松乳油 1500 倍液喷杀。

互动小问答：

问： 吊兰叶尖焦黄该怎么处理？

答： 引起吊兰叶尖焦黄干枯的原因主要有以下几个：放置地点不当，阳光直射，再加上空气干燥，最容易引起叶尖枯焦，叶子变黄；土壤板结透水不畅，也容易引起根部腐烂、叶片发黄，需要及时松土，大雨后注意排水；早春的吊兰出室后被冷风吹，容易受冻导致叶片发黄、焦枯。

解决吊兰叶片逐渐枯焦，最简易、有效的办法是将吊兰移至通风且有散射光的环境下养护，但要避免春风直吹；盆土保持微湿，可多给叶面喷水。对已出现的严重发黄、焦枯的老叶可以仔细剥除，10 天左右便可恢复长势。

秀丽雅致——

花叶蔓长春

科属：五加科常春藤属

别名：长春蔓、花叶常春藤

观赏特性： 花叶蔓长春是著名的常绿观叶植物，以其秀丽的外形和良好的耐阴性而赢得人们的厚爱。它叶色嫩绿、青翠而美观，叶边缘有不规则的黄色花边。单花生于叶腋间。每年春季从叶丛中开出朵朵蓝花，形似小喇叭，显得十分雅致。

习　　性： 较喜温暖，但也耐寒，生长适温 10~15℃，夏季温度超过 30℃茎叶停止生长，冬季可耐短暂 -5℃左右低温。北方冬季需移入室内或者用稻草、薄膜等物覆盖保暖。喜阳光充足的环境，室外可种于疏林下，室内可放在散射光处养护。

选购要领： 造型好、枝叶丰满、叶片肥厚有光泽、斑纹清晰、无缺损和病虫者为佳。

摆放位置： 其蔓茎生长速度快、垂挂效果好，可作为室内观赏植物，常盆栽或吊盆布置于室内或窗前、阳台、楼梯边、栏杆上，注意通风和明亮。

净化功能： 花叶蔓长春能吸收甲醛和二氧化硫，还能有效抑制吸烟释放的致癌物，甚至能吸附连吸尘器都难以吸到的灰尘，是净化空气的高手。

● 选盆：直径 15~20 厘米盆，每盆栽苗 3~4 株，每年春季换盆。

● 土壤：宜肥沃、疏松和排水良好的沙壤土。

● 水分：喜湿润，较耐旱，地栽天旱时每 5~7 天应浇水 1 次，雨季注意排水。

盆栽要充分浇水，尤其在快速生长的春季要保持盆土湿润。

- 施肥：每月施液肥 1~2 次，以保证枝蔓速生快长及叶色浓绿光亮。

- 修剪：早春剪去老蔓，令其重发新蔓。为促进多分枝，可在生长季节进行多次摘心。

- 繁殖方法：分株或扦插法繁殖均可。分株繁殖宜在春、秋两季进行，结合修剪把上一年的老枝剪掉，刨出植株根部，分开另行栽植，栽后浇透水即可，3~5 天即可成活。扦插时间在每年 3~5 月或 9~10 月。选择当年生健壮枝条，剪成长 10 厘米左右，有 2~3 对芽的插穗，上部留 2 片叶，下部剪至节根处。将 1~2 节埋入珍珠岩或沙中，并压紧拍实，插后浇透水，并搭棚加盖遮阳网防晒，保持土壤湿润，成活后除去遮盖物，并尽快移栽。栽植时每盆或每丛 3~4 株，这样成型快，观赏价值高。如果秋末移栽于室外圃地，冬季应采取防寒措施。

- 病虫害防治：常有叶斑病危害，可用等量式波尔多液喷洒。虫害有介壳虫和红蜘蛛，分别用 45％马拉硫磷乳油 800 倍液和 73％炔螨特乳油 2000~3000 倍液喷杀。

互动小问答：

问：为什么花叶蔓长春的叶子变成了绿色？

答：花叶蔓长春较耐荫蔽，但在较荫蔽处，叶片的黄色斑块会变浅。若长期缺乏阳光照射，叶片会完全变为绿色，降低观赏价值。此外，盛夏时节要避免强光直射，以免灼伤叶片。

旺家贴士：花叶蔓长春的花语是适应。受到花叶蔓长春祝福的人，能够不畏逆境，具备乐观的积极心态。家庭种上花叶蔓长春，有改善空气和环境的作用，让人斗志昂扬。

热带风情——

袖珍椰子

• 科属：棕榈科玲珑椰子属
• 别名：矮生椰子、矮棕

旺家贴士：袖珍椰子象征着生命力，有"永葆青春"等花语，又被称为"高效空气净化器"，是新装修居室必备的"防毒"佳品。

观赏特性： 株型酷似热带椰子树，形态小巧玲珑，美观别致，故得名袖珍椰子，十分适宜作室内中小型盆栽。

习　　性： 喜温暖、湿润和阳光充足的环境。生长适温 15~25℃，夏季能耐35℃高温。冬季气温不宜低于 15℃，低于 10℃时，叶片会发生冻害。耐阴，怕阳光直射。在烈日下，其叶色会变淡或发黄，并产生焦叶和黑斑。

选购要领： 要求植株挺拔，叶片繁茂、紧凑、无缺损，叶色深绿有光泽，无病虫害和其他污斑。

摆放位置： 装饰客厅、书房，可使室内增添热带风光的气氛和韵味。置于房间拐角处或置于茶几上均可为室内增添生意盎然的气息，使室内呈现迷人的热带风光。

净化功能： 可吸收居室空气中的苯、三氯乙烯和甲醛，还可以调节室内湿度。适合摆放在新装修的居室内，特别是比较大的客厅或书房。

- 选盆：直径 15~25 厘米盆，每隔 2~3 年春季换盆 1 次。
- 土壤：疏松肥沃、排水性好的沙壤土。
- 水分：对环境湿度要求较高，浇水要掌握宁湿勿干的原则，以保持盆土湿润。空气干燥时要经常向植株喷水，以增大环境的空气湿度，这样对生长有利，可以保持叶面深绿，富有光泽。冬季入室后，温度不要低于 5℃，并适当控水，但也不要太干，约 1 周浇水 1 次。
- 施肥：5~9 月每半个月施肥 1 次，用腐熟饼肥水或通用型复合肥。冬季停止施肥。
- 修剪：生长期随时剪除枯叶和断叶。
- 繁殖方法：多采取分株法繁殖，全年均可进行，以春季结合换盆时分株为好。将母株旁的新芽切开，先栽在沙床中，待长出新根后再盆栽。

- 病虫害防治：常有叶枯病、褐斑病和灰斑病，可用 70％甲基硫菌灵可湿性粉剂 1000 倍液喷洒。虫害有介壳虫和蚜虫，可用 30％毒死蜱微乳剂 1000 倍液喷杀。

互动小问答：

问：袖珍椰子可以水培吗？

答：可以。将 3~5 丛枝叶带根挖出，洗净泥土，用 0.1％高锰酸钾溶液清洗或浸泡 15 分钟，再用自来水冲洗干净。然后放在静置两天以上的自来水中养护。前一周每天勤换水，此后可减少换水次数，夏季每 3~5 天换 1 次水，秋冬季每 10~15 天换 1 次水，在换水时滴入营养液，并将老化的根和叶片剪除。

层云叠翠——

文竹

- 科属：百合科天门冬属
- 别名：云片竹、云竹、刺天冬

旺家贴士：文竹四季常绿，象征永恒、朋友纯洁的心，常在婚礼中作为配材使用，是婚姻幸福甜蜜，爱情地久天长的象征。也可以将文竹盆景送给朋友，祝愿友谊长存。

观赏特性： 文竹叶片纤细秀丽，密生如羽毛状，翠云层层，株型优雅，独具风韵，深受人们的喜爱，是著名的室内观叶植物。

习　　性： 喜温暖，生长适温为 15~25℃，32℃以上停止生长，叶片发黄。其不耐严寒，室温保持 10℃以上为佳，5℃以下容易出现冻害，在我国南方可以室外越冬。喜半阴环境，忌阳光直射。若太阳直射，除会造成叶片发黄外，还会出现焦灼。

选购要领： 植株要求挺拔，姿态优美，基部枝叶集中，上部枝叶散开、呈伞状；枝叶深绿、密集，无黄叶，轻触不掉叶。

摆放位置： 文竹应在室内或荫棚下陈设，但也不能长期遮阴，应放在室内明亮处。秋末和冬季应靠近南窗摆放，可多见些阳光。常盆栽置于书架、案头、茶几上，美化居室。

净化功能：文竹除了在夜间能吸收二氧化硫、二氧化氮、氯气等有害气体外，还能分泌杀灭细菌的气体，减少感冒、伤寒等病的发生，适宜常年在室内种植。

- 选盆：直径 12~15 厘米盆，开花结种需要直径 20~25 厘米盆，并需搭架。

- 土壤：喜排水良好、富含腐殖质的沙壤土，微酸性土尤佳。

- 水分：喜湿润，不耐干旱。平时要适当掌握浇水量，做到不干不浇、浇则浇透，经常保持盆土湿润。春、秋两季每 3 天左右浇 1 次透水。夏季早晚都应浇水，水量稍大些也无妨，还须经常向叶面喷水，以提高空气湿度，入冬后可适当减少浇水量。

- 施肥：文竹虽不十分喜肥，但盆栽时尤其是准备留种的植株，应补充较多的养料。施肥宜薄肥勤施，忌用浓肥。生长季节一般每 15~20 天施腐熟的有机液肥 1 次，促使枝繁叶茂。开花期施肥不要太多，在 5~6 月和 9~10 月分别追施液肥 2 次即可。

- 修剪：每年春季在新生芽长到 2~3 厘米时摘心，可促进茎上再生分枝和叶片，并能控制其不长蔓，使枝叶平出，株型不断丰满。

- 繁殖方法：一般 3~5 年生的植株生长较茂密，可进行分株繁殖。分株一般在春季进行，用手顺势将丛生的茎和根扒开，分成 2~3 丛，使每丛含有 3~5 枝芽，然后分别种植上盆。分株时尽量少伤根系，分栽后浇透水并遮阴 1 周。

- 病虫害防治：常见灰霉病和枯叶病，可用 70％甲基硫菌灵可湿性粉剂 1000 倍液喷洒。夏季易生介壳虫和蚜虫，可喷洒 30％毒死蜱微乳剂 1000 倍液防治。

互动小问答：

问：文竹叶片变黄怎么办？

答：文竹喜温暖、湿润和半阴的环境。若养护环境温度偏低、空气干燥或受到强光直射，叶片都会变黄。需采取提高室内温度、向植株周围喷雾和适度遮光等措施，才能使新叶恢复绿意。

碧绿可人——

薄荷

科属：唇形科薄荷属

别名：仁丹草、南薄荷

观赏特性： 薄荷叶片碧绿可人，枝条匍匐生长，纤细多姿，且散发出凉爽的清香，不仅养目，还可怡神。

习　　性： 喜温暖和阳光充足环境，较耐寒，耐高温。生长适温 20~30℃，冬季地下根茎能耐 -15℃低温。性喜阳光，但也能适应半阴环境，且在半阴环境中叶片较嫩，利于食用，但不及阳光充足的环境中苗壮。

选购要领： 以株型紧凑、叶片大而浓绿、手摸叶片有明显芳香者为佳。

摆放位置： 买回家的盆株适合摆放在餐厅、书房、客厅等光线明亮处，若置于橱柜或餐桌上，还可驱除蚂蚁。

净化功能： 其香味特殊，可祛除室内异味，还能杀灭细菌，抵抗病毒，有效净化空气。

- 选盆：直径 15~20 厘米盆，每盆栽 3~5 株。
- 土壤：对土壤要求不严，以疏松肥沃、排水良好的沙壤土为佳。
- 浇水：生长初期、中期多浇水，保持湿润；出现花蕾和开花期以干燥环境为宜。其余时间，盆土保持稍偏湿。
- 修剪：苗高 15~20 厘米时进行摘心，促使多分枝。
- 施肥：生长期每半个月施肥 1 次，以薄肥为主，并增施 1~2 次磷钾肥。

- 繁殖方法：薄荷的分株繁殖简单易行，一年四季均可进行，以春季为佳，尽量避免酷热和严寒季节进行。将地下根茎挖出，选节间短、色白、粗壮根茎直接栽种，约20天长出新株，成活率高。或于5~7月进行扦插，将地上部分剪成长10厘米的枝条，去除下部叶片后插于沙床，12~15天生根。

- 病虫害防治：常见斑枯病，病发时及时摘除病叶，并用等量式波尔多液喷洒，或用65％代森锌可湿性粉剂500倍液叶面喷洒。虫害有地老虎、夜蛾，可用90％晶体敌百虫1000倍液喷杀。食用薄荷避免喷施农药，以预防病虫害为主。

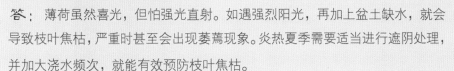

互动小问答：

问：薄荷为什么会出现枝叶焦枯？

答：薄荷虽然喜光，但怕强光直射。如遇强烈阳光，再加上盆土缺水，就会导致枝叶焦枯，严重时甚至会出现萎蔫现象。炎热夏季需要适当进行遮阴处理，并加大浇水频次，就能有效预防枝叶焦枯。

旺家贴士：薄荷在欧洲是"爱的激情"和"好客"的象征。用它装饰餐桌，能表达健康长寿的愿望，还可随时采下食用、泡茶、入菜，是一种可观可食的健康花草。

净化专家——

红掌

- 科属：天南星科苞花烛属
- 别名：红鹅掌、火鹤花、安祖花

旺家贴士： 特别的花形和绚丽的颜色，赋予了红掌大展宏图、热情、热血的花语。另外，红掌属于较阳刚的鲜花，尤为适合送给过生日的男性，祝福对方前程似锦。

观赏特性： 红掌四季常青，花姿奇特，叶形秀美，赏花赏叶均可，适合盆栽、切花或在庭园荫蔽处丛植美化。

习　性： 喜高温，生长适温 15~30℃，冬季不低于 15℃。若室温低于 5℃，叶片易受冻害。喜半阴的环境，怕烈日暴晒。冬季和早春时可全光照养护，以促进生长，夏季要注意遮阴。

选购要领： 植株健壮丰满，叶片青翠光亮，花茎挺拔，苞片、花序鲜红、亮丽，全株无破损、黄叶。

摆放位置： 适合摆放在光线明亮的居室内，各个房间均可。尤其适合摆放在新装修的居室内，可有效净化空气。

净化功能： 红掌可以过滤空气中的苯、甲醛和三氯乙烯等有害气休。放在厨房还可以去除异味、油烟。

- 选盆：常用直径 15~25 厘米的塑料盆或陶盆，每 2 年换盆 1 次。

- 土壤：喜疏松、排水和通气性较好的沙壤土或壤土，黏重的土壤不可使用。土壤中可加入腐叶土和粗沙。

- 水分：生长期间，保持盆土干而不燥，潮而不湿。不要浇水过多，否则很容易烂根。盛夏季节适当遮阴，向叶面多喷水，冬季减少浇水。

- 施肥：红掌生长迅速，需肥量大，可每月施 1 次腐熟的液肥，若使用固态肥料，第二天须浇 1 次清水。施肥的同时松土，能促进肥料吸收。注意不要将肥料洒到叶片上。夏季高温及冬季低温时应停止施肥。

- 修剪：花后将残花剪除，换盆时注意修根和剪除枯黄叶片。

- 繁殖方法：常用播种法和分株法繁殖。播种繁殖须对开花植株进行人工授粉，以提高结实率。采种后应立即播种，采用室内盆播，发芽适温为 30℃，播后 10~15 天发芽。如室温过低，种子易腐烂，影响发芽率。分株在 5~6 月进行最好。将整株从盆内托出，去除宿土，从株丛基部将根茎切开，保证每丛至少有 3~4 片叶，栽后放半阴处养护 7~10 天，即可正常施肥晒太阳。

- 病虫害防治：常见叶斑病、褐斑病和炭疽病，发病初期可用 50％百菌清可湿性粉剂 500 倍液喷洒。虫害有蚜虫，可喷施 30％毒死蜱微乳剂 1000 倍液。

互动小问答：

问：如何水培红掌？

答：先准备一个口径较宽、容量较大的容器，保证根系有足够的生长空间。水温在 15~20℃最佳，与室温不能差别过大。光照以散射光为主，尤其夏季要避免长时间阳光照射。夏季每 7 天左右换水 1 次，冬季每 10~15 天换水 1 次，换水时要清洗瓶壁，避免生青苔，同时洗掉根部的黏液，剪去老根和黑根。每次换水加入少量水培营养液，每周喷洒 1 次叶面肥，以增加叶面光泽。

电脑宝贝——

豆瓣绿

● 科属：胡椒科椒草属

● 别名：圆叶椒草、椒草

观赏特性： 豆瓣绿是一种小型观赏植物，在家居装饰中具有比较高的观赏价值。厚实的叶片和翠绿的颜色，清新自然，小巧可爱。

习　性： 喜温暖，怕寒冷，生长适温为25℃左右，越冬温度不应低于10℃。怕烈日直射，春、秋季阳光不太强烈，可把植株放置在室外。但夏季忌强光直射，尤其不能放在有西晒的地方，否则会造成枝叶发黄。每周转动花盆半周，防止发生趋光现象。

选购要领： 植株造型好，叶片翠绿、无病斑、有光泽。株型适中，不宜过大或太小。

摆放位置： 豆瓣绿株型较小，将它种在白瓷盆或艺术花盆中，放在茶几、书桌、办公桌上，十分美丽。或者将其垂吊，悬挂于窗前或浴室，也很赏心悦目，能够为家庭增添温馨气息。

净化功能： 豆瓣绿能够净化空气中的甲醛、苯等有害气体，还能吸滞烟尘和吸收电脑辐射，是很好的"室内除尘器"。

● 选盆：直径12~15厘米的陶盆、塑料盆，每盆栽苗3株。

● 土壤：喜疏松、肥沃和排水良好的沙壤土或壤土。

● 水分：春、秋季生长旺盛，土壤要保持湿润和足够的空气湿度，故浇水量可多些。夏季高温时生长缓慢，每天浇水1次，积水易造成茎叶腐烂。冬季处于休眠状态时，应置于阳光充足处，一般每月只需浇水 1~2 次。

- 施肥：春、秋季每隔半个月左右施 1 次充分腐熟的饼肥水即可，施肥时应尽量避免肥液与叶片接触。夏季高温，忌施肥料，以防肥害伤根。

- 修剪：春、秋季适当摘心，压低株型。日常随时修剪过长、过密的枝叶。

- 繁殖方法：豆瓣绿的植株每 2~3 年需更新 1 次。可采取扦插法繁殖，于初夏选取 3~4 厘米长的顶端枝条，带 3~5 片叶，直接插于沙床，插后 20~25 天生根。也可在 5 月剪取成熟叶片，带叶柄 1 厘米，插入泥炭土中，插后 10~15 天生根，1 个月后长出小植株。

- 病虫害防治：常见环斑病毒病为害，受害植株矮化，叶片扭曲，可用等量式波尔多液喷洒。另有根腐病、栓痂病为害，可用 50％多菌灵可湿性粉剂 1000 倍液喷洒。虫害常见介壳虫，发病时喷洒 30％毒死蜱微乳剂 1000 倍液。

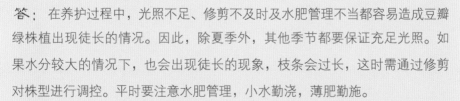

互动小问答：

问：豆瓣绿长太高了怎么办？

答：在养护过程中，光照不足、修剪不及时及水肥管理不当都容易造成豆瓣绿株植出现徒长的情况。因此，除夏季外，其他季节都要保证充足光照。如果水分较大的情况下，也会出现徒长的现象，枝条会过长，这时需通过修剪对株型进行调控。平时要注意水肥管理，小水勤浇，薄肥勤施。

旺家贴士：豆瓣绿有中立公正、信仰、君子、夫妻恩爱等寓意，尤其适合居家摆放或赠送给朋友。

观果植物 第七章

黄金万两——

富贵籽

科属：紫金牛科紫金牛属

别名：朱砂根、大罗伞

观赏特性： 入秋后，红红的果实可挂在枝头达一年之久，绿叶红果，色泽鲜亮，惹人喜爱。

习　　性： 喜温暖气候，生长适温 16~28℃，冬季气温不宜低于 5℃，低于 0℃ 时易引起落叶和落果。较喜阴，怕强光。

选购要领： 选购盆栽，要求树姿优美，株丛密集，叶片繁茂，深绿色，有光泽。盆株挂果多，果实饱满、鲜红，轻摇不落果。

摆放位置： 摆放在厨房朝东、朝北窗台或有明亮光线的客厅。

净化功能： 富贵籽能吸附厨房油烟和空气中的尘埃，有效净化居室空气，让家居更环保、更健康。

- 选盆：直径 20 厘米盆。每两年春季换盆 1 次。
- 土壤：喜疏松、肥沃、排水良好的中性沙壤土。
- 水分：夏秋季每 3~5 天浇水 1 次，盆土保持湿润。冬季果实转红后，每周浇水 1 次，盆土保持稍湿润。空气干燥时向叶、果喷雾，但不能滞水过夜。
- 施肥：生长期每半个月施肥 1 次，现果后增施 2~3 次磷钾肥。果实成熟后不再施肥。
- 修剪：盆栽植株当新梢长 10 厘米时可摘心。果枝过多、过密时，适当疏剪。

繁殖方法：可播种或扦插。播种繁殖是在果实失去观赏价值后采下洗出种子，即播或湿沙藏至春播。盖土为种子的 2 倍深，播后保持土壤湿润，30 天左右能生根发芽。扦插可在 5~6 月或 8~9 月进行，选择健壮无病虫害的当年生半木质化枝条做插穗。留顶部两片叶，插 1/2 于含沙土壤中，浇透水，保持土壤湿润直至生根。扦插苗一般第二年能开花结果。

病虫害防治：有叶斑病危害时，可用等量式波尔多液或西维因可湿性粉剂 1000 倍液喷洒。有介壳虫危害时，用 30％毒死蜱微乳剂 1000 倍液喷杀。

互动小问答：

问：富贵籽新叶肥厚且多凹凸不平，老叶干尖焦黄脱落，如何处理？

答：施肥过多就会出现上述现象，应立即停止施肥，增加浇水量，使肥料流失掉，或立即翻盆，用水冲洗根茎后再重新栽入盆内。

旺家贴士：富贵籽有"喜庆祥瑞"的花语，多作为结婚、开业、乔迁庆贺的首选花卉，增添吉祥、喜庆和富贵。

观食两用——

五彩椒

科属：茄科辣椒属

别名：观赏辣椒、圣诞辣椒

观赏特性： 五彩椒是一种很具观赏性的盆栽，果实小巧，颗颗朝上，点缀在叶片间。果实颜色多样，有红、紫、白、绿、黄等五色，富有光泽，活泼亮丽，非常具有观赏性。

习　　性： 喜温暖和阳光充足环境。幼苗生长适温 21~25℃，气温超过 30℃生长减缓，开花结果少；低于 10℃停止生长。光照对于开花结果非常重要，每天日照在 4 小时以上，果实成熟快，颜色更鲜艳。光照不足难以开花结果。

选购要领： 购买盆栽，要求植株矮壮、丰满，枝叶繁茂，挂果多、匀称、色彩鲜艳、有光泽，成熟度基本一致，无烂果和破损。

摆放位置： 买回的盆栽植株可摆放在阳光充足的厨房、阳台或庭院内。少搬动，以免折断果枝或碰落果实。

净化功能： 五彩椒能够吸收空气中的二氧化碳，所带的气味有一定的驱虫效果。食用五彩椒能促进人体血液循环，增强呼吸道抵抗病菌的能力。

旺家贴士： 五彩椒有"引人注目"的花语，果实颜色变化神奇，用来装点居室能呈现出浓烈的欢乐气氛。注意忌送给患胃疾、眼疾者，易让对方认为"不怀好意"。

- 选盆：直径 10~15 厘米盆。

- 土壤：对土壤要求不高，以肥沃、排水性良好的沙质土壤为宜。

- 水分：生长期保持土壤湿润，每 3 天浇水 1 次。夏季经常向叶面喷雾。果实成熟变色后可少浇水，保持湿润即可。浇水量太多会导致落叶和根部腐烂。

- 施肥：生长期每半个月施肥 1 次，用腐熟饼肥水。开花后可追施磷钾肥 1~2 次。

- 修剪：幼苗生长初期打顶 2~3 次。花果期适当疏花疏果。

- 繁殖方法：早春育苗播种，采取穴播，播后盖浅土，发芽适温 20~25℃，播后 14~20 天发芽，幼苗高 15 厘米左右可定植到花盆中，每盆 1~3 棵。从播种到挂果需 3~5 个月。

- 病虫害防治：常见炭疽病，发病初期可用 70％甲基硫菌灵可湿性粉剂 1000 倍液喷洒。虫害有红蜘蛛、蚜虫、蓟马，可用 30％毒死蜱微乳剂 1000 倍液或 50％杀螟松乳油 1500 倍液喷杀。

互动小问答：

问：五彩椒如何食用？

答：五彩椒的果实老嫩均可食用，其辣度适中，可直接摘下作为调味品或配菜食用。用于食用的五彩椒尽量不要施化肥，严禁喷施农药，以免造成污染。

金果送吉——

金钱橘

科属：芸香科金橘属

别名：京橘、金橘

观赏特性： 金钱橘树形美观，枝叶繁茂，四季常青，夏初开花，秋末果熟，果实金黄，是集观花与赏果于一身的盆栽花卉，能增添岁末年初的节庆氛围。

习　　性： 喜温暖气候，生长适温 22~29℃。带果越冬温度为 10~15℃；若植株尚小未结果，则越冬的温度为 3~5℃，越冬温度不宜超过 10℃，否则影响休眠。大型成株可在室外地栽养护，能耐短时 0℃低温。金钱橘喜光，但怕强光。若光照不足，环境荫蔽，往往会造成枝叶徒长，开花结果较少。生长期要放置在阳光充足的地方。夏季日照强烈时，需略为遮阴。冬季观果时，摆在室内见光处。

选购要领： 购买盆栽，要求植株矮壮、丰满，枝叶繁茂，挂果多、匀称、色彩鲜艳、有光泽，无烂果和破损。

摆放位置： 摆放在阳台、客厅等光照充足的地方，也可地栽。若是在天台或露台盆栽，冬季最好移入室内，或者搭棚保温。

净化功能： 金钱橘能吸附灰尘，净化空气。果实可食用，有调理脾胃，润肺止咳之功效。

- 选盆：依据植株大小选择直径20~50厘米的大盆。
- 土壤：要求排水良好、肥沃、疏松的微酸性沙质壤土。
- 水分：喜湿润但忌积水，盆土过湿容易烂根。生长期保持湿润为好。在生长旺季及陈设观赏期应经常向叶片及花盆周围喷水，但花期切忌往花上喷，以免烂花。开花期盆土稍干，坐果稳定后正常浇水，越冬休眠的植株控制浇水。

- 施肥：喜肥，除盆土要求肥沃外，生长期每7~10天浇1次腐熟肥水，浓度为1份液肥、3份清水。也可每月施腐熟的麻酱渣或复合肥，施在干燥的表土下面，立即浇水。注意施肥要少量多次，冬季观果期不施肥。

- 修剪：3 月以后金钱橘的大部分果自然脱落，将剩下的果人工摘去，以节省养分，同时疏除过密枝、交叉枝、部分徒长枝和不见光枝。对当年生的枝条进行重剪，每枝留 2~3 个向外生长的芽，以使树冠开张，通风透光。在花果期注意疏花、疏果，保留先开的花，去掉晚花、弱花。一般 5~6 月开的花坐果率较高，应多保留。7 月后的花果去掉。

- 繁殖方法：4~6 月进行扦插繁殖。从母树上截取 7~10 厘米长的健壮枝条，下部叶片全部剪掉，2/3 插入沙质土壤中，放在半阴区域养护，避免雨水冲淋，保持土壤湿润。大概两个月生根并萌生枝芽。待新生枝叶散开之后即可上盆。

- 病虫害防治：偶见溃疡病，危害叶、枝梢和果实，造成落叶落果，可用 50 % 代森铵水溶液 1000 倍喷雾防治。虫害有介壳虫、红蜘蛛、凤蝶幼虫等，其中介壳虫危害比较普遍，发生时间为 4~5 月，可喷洒 30 % 毒死蜱微乳剂 1000 倍液防治，也可用小毛刷刷去害虫。食用金钱橘忌喷农药。

互动小问答：

问：金钱橘易落果是怎么回事？

答：金钱橘虽喜湿润，但又怕积水，浇水的控制量应以经常保持盆土稍微湿润为度，这是延长果实观赏期最关键的因素。如浇水过多，盆土过湿，排水不良，最易造成烂根，引起落叶落果。但长期不浇水或浇水不足，盆土过干又易导致叶片因缺水而卷曲，果实萎缩脱落。这就要求浇水既要适度，又要均衡。浇水忽多忽少，盆土忽干忽湿，都易导致果实提前脱落。

旺家贴士：“橘”与“吉”谐音，寓意财源广进。金钱橘除了可以家居摆放，还可以作为贺礼赠送他人，有送吉的寓意。

花隐于果——

无花果

● 科属：桑科榕属
● 别名：文仙果、隐花果

观赏特性： 无花果树枝繁叶茂，树态优雅，具有较好的观赏价值，是良好的庭院绿化观赏树种。无花果当年栽植当年结果，也是最好的盆栽果树之一。

习　　性： 喜温暖气候，对环境条件要求不严，凡年平均气温在13℃以上，冬季最低气温在5℃以上都可开花结果。新芽生长的适温为22~28℃。在水分供应充足的情况下，能耐较高温度而不受热害，但连续数日高于38℃，则会导致果实早熟和干缩，有时还会引起落果。无花果是较喜光的树种，应种植在光照条件较好的地方。

选购要领： 选择枝干粗壮、树型匀称、枝叶茂密、果实较多、无烂果、无枯黄叶的植株。

摆放位置： 摆放在光照充足的房间或阳台、庭院内。除北方外，其他地区均可室外越冬。

净化功能： 能净化空气，对室内的大部分有害气体都有净化的效果。

旺家贴士：无花果将花和果融为一体，含蓄、内敛、低调、默默奉献，有着专属于自己的美丽和意义。无花果的果实还可作为水果食用，有滋阴去燥、润肠通便的作用。

- 选盆：根据植株大小选择直径 30~50 厘米的大盆，每两年翻盆 1 次。

- 土壤：无花果抗盐碱能力强，对土壤要求不高，但以沙壤土种植为佳。

- 水分：较抗旱，不耐涝，对水分条件要求不太严格，生长期保持土壤湿润，果实膨大期保证充足的水分供应。

- 施肥：每年施肥 5~6 次，生长前期以氮肥为主，果实成熟期间以磷钾肥为主，并补充钙肥。

- 修剪：为了使无花果多结果和树型优美，需要进行整形和修剪，最好在早春树液流动前进行。整形时，对苗木在 40~50 厘米高处定干，以后全树保留 4~6 个主枝，主枝每年剪留 40~60 厘米，其上再按适当间隔保留 2~3 个副枝，扩大结果面。整形完成后，每年只剪掉无用枝、密生枝、下垂枝和干枯枝，尽量多保留壮枝结果。

- 繁殖方法：采用扦插法繁殖，剪取长约 20 厘米的枝条做插穗，插入沙或蛭石中，保持湿润，在 20~25℃条件下，约 1 个月即可生根，选择晴天将树苗定植到花盆中，缓苗 1 周后正常管理。

- 病虫害防治：虫害偶见天牛、黄刺蛾，可人工捕杀。灰斑病可喷洒等量式波尔多液防治，秋后剪除病叶并烧毁。

互动小问答：

问：无花果为什么不结果？

答：盆栽无花果不结果可能是因为光照不足，如属此原因要将它移到通风、光照充足的地方养护。不结果也可能是由于没有修剪，没有在生长旺期及时摘心。氮肥过多也可能造成不结果，在果实出现之前要停止氮肥的使用，施加磷钾肥。花朵的授粉不足也会出现不结果，此时可将花盆移至室外让昆虫进行授粉。

粉红甜心——

草莓

- 科属：蔷薇科草莓属
- 别名：红莓、洋莓、地莓

观赏特性： 植株小巧可爱，叶片翠绿，花朵洁白，果实鲜红，呈心形，极具观赏价值，同时其味道酸甜可口，备受小朋友喜爱。

习　　性： 喜温凉气候，茎叶生长适温 15~30℃，芽在 10℃以下易发生冻害，开花结果期适温 4~40℃。喜光，光照过弱不利于草莓生长，光强时植株矮壮，果小、色深、品质好，但夏季高温时节需采取遮阴措施。

选购要领： 植株挺拔、健壮，枝叶健康，无病叶黄叶，无病虫害，正在开花或已经结果。花芽或果实多者尤佳。

摆放位置： 阳台、飘窗等光照充足的地方均可摆放，也可放在餐厅等处，既可美化环境，又能增进食欲。

净化功能： 草莓可净化室内空气，其营养价值很高，经常食用可保护视力、美容护肤。

- **选盆：** 直径 10~15 厘米盆可种植 3~5 棵。
- **土壤：** 宜生长于肥沃、疏松、中性或微酸性壤土中，过于黏重土壤不宜栽培。
- **水分：** 根系分布浅、蒸腾量大，对水分要求严格，要保持土壤湿润，尤其是在结果期。不耐涝，雨后要注意及时排水。花期碰上大雨要进行遮挡，以免落花。结果期浇水注意不要把草莓弄湿，否则果实易烂。
- **施肥：** 结果期长，营养消耗较多，可用鱼骨、家禽内脏、豆饼等加水腐熟发

酵沤制成液态肥水，或施用复合肥，一般每周追肥 1 次。

- 修剪：生长过程中适时摘除老叶、黄叶以及瘦弱或徒长的匍匐茎，花期可适当疏花。

- 繁殖方法：草莓的种植一般有 3 年周期，头一年结果很少，第二年会收获很多，第三年及之后产量明显下降，因此在第二年就需要繁殖新的植株。常用分蘖法繁殖，在母本草莓长出匍匐茎时，可将垂吊的枝条与土壤接触，当小植株长到 3~4 片叶子时，与土壤接触的部分会生出不定根。选择健壮的秧苗带根剪下栽种，缓苗后即可正常管理。

- 病虫害防治：常见叶斑病、灰霉病、白粉病，以预防为主，要加强通风管理，发病后及时移除生病植株。虫害主要有蚜虫、白粉虱等，可设置黄板，板上涂机油诱杀。

互动小问答：

问：草莓如何采摘？

答：草莓以鲜食为主，必须在 70% 以上果面呈红色时方可采收。冬季和早春温度低，要在果实八九成熟时采收。采摘宜在上午 8~10 时或下午 4~6 时进行，不摘露水果和晒热果，以免腐烂变质。采摘时要轻拿、轻摘、轻放，不要损伤花萼。

旺家贴士：草莓象征着甜蜜、永恒的爱，特别适合赠送给幸福美满的家庭，也适合送给小朋友种植。

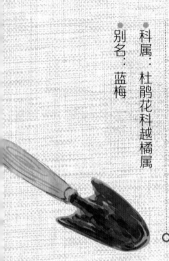

蓝色浆果——

蓝莓

科属：杜鹃花科越橘属

别名：蓝梅

观赏特性： 蓝莓枝叶翠绿，花朵奇特，果实小巧可爱，既可观赏又可食用，深受花卉种植爱好者的喜爱。

习　　性： 喜温暖气候，较耐高温，在20~30℃的条件下，生长能力最强，早春低温时宜放置在背风向阳的地方，只要早上给足水分，生长季可以忍受40℃以上高温。喜半日照环境，炎热酷暑需适当遮阴。如缺乏充足的阳光，蓝莓生长停滞，即使开花也不结果。

选购要领： 选择树型健壮、匀称，已经开花或结果的植株，要求无病虫害，无枯叶黄叶。

摆放位置： 适合摆放在室内阳光充足的地方，每隔一段时间就要拿出室外摆放一段时间。

净化功能： 能够释放氧气，并且吸附一定灰尘。蓝莓果实含有丰富的营养成分，尤其是花青素含量很高，具有保护视力、防止脑神经老化、强心、抗癌、软化血管、增强人体免疫力等功能。

旺家贴士：蓝莓的花语是幸福感。家庭盆栽蓝莓，不但寓意阖家幸福美满，还能为家人提供优质的水果，增添生活乐趣。

- 选盆：盆栽蓝莓，首选透气性好的瓦盆、沙盆，忌用深盆，小苗建议用直径15厘米盆，成品植株用直径25厘米盆即可。

- 土壤：宜用肥沃疏松、富含有机质的酸性土壤种植。

- 水分：蓝莓根系分布较浅，对水分缺乏比较敏感，应经常保持盆土湿润而又不积水。在降雨少的季节，尤其是干旱季节，至少要保证每周浇1次透水，最好每3天浇1次。而在果实发育阶段和果实成熟前则要减少水分供应，防止过快的营养生长与果实争夺养分。果实采收后，恢复正常浇水。

- 施肥：对肥料的要求是宁缺毋滥，施肥过量极易造成对植株的伤害或整株死亡，一般每个月施点腐熟的液肥即可。蓝莓是嫌钙植物，土壤中不要加入骨粉。为了保持土壤酸性，可每月在浇水时滴入几滴白醋。

- 修剪：一般在冬季（休眠季）和夏季（生长季）进行两次修剪。刚刚定植的幼树需剪去花芽及过分细弱的枝条，强壮枝条要进行短截。定植成活的第一个生长季一般不修剪。前3年的幼树在冬季主要疏除弱枝、重叠枝和交叉枝。

- 繁殖方法：扦插法繁殖，将园土混合部分腐殖土作为扦插基质，厚度在 15 厘米左右。剪取正在生长的春梢的上中部，插条一般留 4~6 片叶，下部叶片去掉，垂直插入基质中，间距为 5 厘米。生根的适宜温度在 22~27℃，温度高时要及时通风或遮阴，多以喷雾方式增加空气湿度，促进生根。一般扦插后 2 个月生根，生根后每半个月可追肥 1 次，入冬前将苗移入室内保温，保证充足的阳光。扦插苗一般 3~4 年后才会开花结果，花期需要进行人工授粉。
- 病虫害防治：常见根瘤病、僵果病和茎溃疡病，防治一般以加强通风光照为主，带病枝叶和植株要及时清理，集中烧毁。对果蝇、白蛾、金龟子等害虫，多采取人工捕杀，尽量少喷施化学药剂。

互动小问答：

问：蓝莓如何采收和食用？

答：果实膨大的同时颜色会由绿变粉再变蓝，当果实变软并完全变为蓝色时，即可收获。蓝莓即采即食最佳，洗去浮尘即可。果实上的白粉是正常现象，无需去除。也可做成果酱或甜点食用。

多子多福——

石榴

科属：石榴科石榴属

别名：安石榴、若榴、丹若

观赏特性： 石榴枝叶秀丽，花色鲜艳，花期长，既可观花又可观果。它被列入农历五月的"月花"，五月因此被称为"榴月"。小型盆栽的花石榴可供室内观赏，大型的果石榴可栽在大盆内陈设。

习　　性： 生长健壮，对夏季高温和冬季低温等环境条件有较强的适应能力。喜阳，不需要遮阴。生长季节应置于阳光充足处，夏季可以放在烈日下直晒，越晒花越多，果越艳。

选购要领： 树型健壮、优美，无烂叶、黄叶，无病虫害者为佳。以观花为主的，应选择花大、色泽鲜艳、复瓣品种，如大花石榴或牡丹花石榴等；以观果为主的，则可选果形美丽的红色品种，如泰山红石榴等；也可根据个人喜好或需要而定。

摆放位置： 摆放在客厅、阳台等阳光充足的地方，也可摆放在室外，长势尤佳。

净化功能： 能释放出氧气，并吸附灰尘。石榴果色泽艳丽，晶莹剔透，味甜多汁，具有杀虫、收敛、涩肠、止痢等功效。

> **旺家贴士：** 石榴花语为成熟的美丽、富贵、兴旺、子孙满堂，尤其适合大家庭种植，寓意多子多福，红红火火。盆栽石榴也可送给新婚夫妻和安享晚年的老人。

- 选盆：根据株型选择，一般选择较大的花盆。

- 土壤：喜排水良好、疏松的肥沃土壤，亦能耐石灰质土壤。

- 水分：石榴要求土壤湿润，但又不耐水涝。因此无论地栽或盆栽，既要经常保持土壤湿润，又不可积水。夏季一般1天浇1次水即可，深秋可隔1天浇1次水。盆栽石榴在开花结果期要严格控制浇水，不妨等其枝叶略有枯蔫时再1次浇透。雨水多时要及时排水。

- 施肥：冬季休眠期可施厩肥、

磷肥等基肥，地栽的可开穴施，盆栽的换盆时施于盆底。春季开花前和秋季果实迅速膨大时，可追施人粪尿等稀薄液肥数次。

- 修剪：幼苗从 10 厘米高开始就要进行多次摘心。春季要剪除越冬期间的枯枝、病枝、弱枝等，保留健壮枝条与冠形。对新生的徒长枝条和根际的萌蘖条，都要从基部修剪掉。

- 繁殖方法：常用扦插、分株、压条法进行繁殖。扦插于春季选二年生枝条或夏季采用半木质化枝条扦插均可，插后 15~20 天生根。分株可在早春 4 月芽萌动时，挖取健壮根蘖苗分栽。压条春、秋季均可进行，芽萌动前用部分萌蘖枝压入土中，经夏季生根后割离母株，秋季即可成苗。

- 病虫害防治：病害主要有白腐病、黑痘病、炭疽病。坐果后每半个月喷 1 次等量式波尔多液 200 倍液，可预防多种病害发生。害虫有刺蛾、蚜虫、椿象、介壳虫等，可用 33％ 水灭氯乳油 1500 倍液喷洒在正反叶面上防治。杀扑磷、毒死蜱等防治介壳虫效果良好。防治石榴虫害不要用氧乐果和敌敌畏农药，因石榴对这些农药敏感。

互动小问答：

问：石榴落花或烂花是什么原因？

答：石榴花期怕水淋和雾气，所以花期浇水切勿浇到花瓣上，以免引起腐烂。开花期忌雾，遇雾花朵易掉落，需要及时搬入室内。

多肉植物 第八章

吉祥好运——

长寿花

- 科属：景天科伽蓝菜属
- 别名：寿星花、矮生伽蓝、好运花
- 花期：12月至次年5月

观赏特性：植株小巧玲珑，株型紧凑，叶片翠绿，花朵密集，花色艳丽多样，是冬春季理想的室内盆栽花卉。

习　　性：喜温暖不耐寒，生长适温为 15~25℃，冬季室内温度应不低于 5℃。喜半阴，不耐强光直射。

选购要领：株型丰满，分株多，株高不超过 25 厘米，叶片紧凑、深绿色，花蕾多，花色艳丽。

摆放位置：摆放在家庭室内窗台、书桌、案头，十分相宜。

净化功能：长寿花是过滤室内废气的能手，可以吸收部分氨气、丙酮、苯和甲醛。

- 选盆：直径 12~15 厘米盆，每盆栽 1 株。
- 土壤：喜疏松、肥沃的沙壤土。
- 水分：较耐干旱，一般每 7~10 天浇 1 次透水即可。注意在中午前浇水完毕，入夜之前叶片一定要保持干燥。
- 施肥：生长期可每隔 2~3 周施稀薄复合肥 1 次，促其花叶繁茂。花芽形成后增施 0.2％ 磷酸二氢钾或 0.5％ 过磷酸钙 1~2 次，能促使花多色艳、花期长。

- 修剪：定植后 3~4 周的单盆单株需要摘心，以便压低株高，促进侧枝萌发。在初现花蕾时摘除一部分花蕾，可促进形成更多的花蕾。花后及时把残花打掉以节约养分。

- 繁殖方法：长寿花多采用扦插法繁殖，在 5~6 月或 9~10 月进行效果最好。其中，春季扦插最佳，扦插成活后，只要管理得当，当年冬天就能开花。健康强壮的枝条和叶片均可扦插，但以一年生的嫩枝条为佳。扦插基质用素沙、素土（无肥的黄土）、锯木屑均可。

- 病虫害防治：主要有白粉病和叶枯病为害，可喷洒 65％代森锌可湿性粉剂 600 倍液防治。虫害有介壳虫和蚜虫，用 30％毒死蜱微乳剂 1000 倍液喷杀。

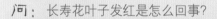

互动小问答：

问：长寿花叶子发红是怎么回事？

答：这是由于室内温度偏低造成的，需进行保温和升温处理。

问：长寿花如何越冬和度夏？

答：冬季忌忽冷忽热，应放在避风向阳处，不要太早移出暖房。夏季需要适当遮阴，每 2~3 天浇 1 次水，切不可多浇。

旺家贴士：长寿花是射手座守护花，适合赠送给长辈和新开业的亲友，寓意大吉大利、长命百岁、福寿吉庆。忌送无花的长寿花，送长辈忌用白色、黄色。

明丽动人——

蟹爪兰

- 科属：仙人掌科蟹爪兰属
- 别名：圣诞仙人掌、蟹爪莲、仙指花
- 花期：10月至翌年3月

观赏特性： 因其节茎连接形状如螃蟹的爪，故名蟹爪兰。花色有红、粉、白、黄等，花朵向外翻卷，娇柔婀娜，光艳若绸，明丽动人。花开时节，满盆花朵垂于茎之顶端，令满室生辉，美胜锦帘。

习　　性： 喜温暖，不耐寒。最适宜的生长温度为 15~25℃，夏季超过 28℃，植株便处于休眠或半休眠状态；冬季室温以 15~18℃ 为宜，温度低于 15℃ 即有落蕾的可能。冬季温度不能低于 5℃，否则易冻伤而亡。喜半阴半阳散射光，忌烈日暴晒。夏季应放在半阴处养护，叶色会更加漂亮。在春、秋两季可给予阳光直射，冬季放在室内有明亮光线的地方养护。

选购要领： 选择嫁接在仙人掌和三棱箭上的、根系和土壤紧密结合、叶片有硬度、花蕾饱满的盆栽苗，且以花朵初开者为佳。

摆放位置： 蟹爪兰节茎常因过长而呈悬垂状，故常被制作成垂吊型的装饰。花期正逢圣诞节、元旦，适合于窗台、门厅入口、书房等处装饰。每过一个月或一个半月，要搬到室外养护两个月，否则叶片会长得薄、黄，新枝条处于徒长状态。

净化功能： 能在夜间吸收大量的二氧化碳，净化空气。

- 选盆：直径 10~15 厘米盆，可套盆种植。

- 土壤：喜疏松、肥沃、排水良好的微酸性土壤。

- 水分：蟹爪兰每年有两次旺长期和两次半休眠期。春季当气温升到 15℃以上时进入第一次旺长期。浇水要从每半个月浇 1 次逐渐过渡到每 3~5 天浇 1 次，盆土见干见湿，以稍湿为好。盛夏要少浇水，以偏干为主。秋季进入第二个旺长期，盆土见干见湿，以稍湿为宜。但 10 月上中旬应偏干些，以利孕蕾。现蕾后仍以稍湿为主。冬季花期要少浇水，保持盆土稍干。此外，蟹爪兰喜湿润，故要常向茎叶喷水，以茎面稍湿而不向下滴水为佳。

- 施肥：上盆时，盆底应放些腐熟饼肥、鸡粪等做基肥。春季每 10 天左右施 1 次以氮为主的复合肥，薄肥勤施。盛夏停止施肥。从立秋到盛花前，可由淡到浓施以磷为主的全素复合肥，每 10 天左右施 1 次。现蕾后还可向叶面喷施磷酸二氢钾，促使花大色艳。冬季盛花期停肥。花后施 1 次以氮为主的液肥，补充花期的消耗。

- 修剪：花后要剪去残花及黄叶。

- 繁殖方法：扦插法繁殖较为普遍。在早春或晚秋，选择健壮、肥厚的茎节，切下 1~2 节，放阴凉处 2~3 天，待切口稍干燥后再插入粗河沙中。插床湿度不宜过大，以免切口过湿腐烂，也不能过分干燥。插后 2~3 周开始生根，4 周后可盆栽。气温较高时，插穗极易腐烂，最好不进行扦插。

● 病虫害防治：蟹爪兰在高温高湿情况下常发生炭疽病、腐烂病和叶枯病，发生初期喷洒50％多菌灵可湿性粉剂500倍液，严重的植株应带出销毁，以免传染。害虫有介壳虫、红蜘蛛。介壳虫可用竹片刮除，严重时用25％亚胺硫磷乳油800倍液喷杀。红蜘蛛可喷洒30％毒死蜱微乳剂1000倍液防治。

互动小问答：

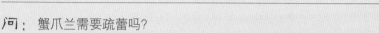

问：蟹爪兰需要疏蕾吗？

答：需要。蟹爪兰茎节顶端往往会同时着生2~3个花蕾，产生营养竞争，这时需进行疏蕾，以集中供给留存的花蕾，使花蕾壮大，花朵大小一致，花色艳丽，同时保证各茎节的花蕾发育正常和一致。疏蕾方法为保留各茎节顶端叶片中最壮最大的一个花蕾，其余的全部疏去。

旺家贴士：蟹爪兰有鸿运当头、锦上添花的寓意，尤其适合赠送给升职、开店的朋友。家里摆放蟹爪兰，象征着日子越来越好。

美容高手——

芦荟

- 科属：百合科芦荟属
- 别名：龙角、油葱
- 花期：4~5月

观赏特性： 芦荟的植株和叶形与龙舌兰酷似，叶片全年常青，形态各异，具有极高的观赏价值。芦荟花期虽短，但花色很艳丽。

习　　性： 怕寒冷，长期生长在终年无霜的环境中。在5℃左右停止生长，如果低于0℃，就会冻伤。生长最适宜的温度为15~35℃。需要充足的阳光才能茁壮生长。

选购要领： 整株粗壮，根部结实，叶片厚实，叶尖无发黑发枯，叶刺坚挺、锋利者为佳。

摆放位置： 观赏芦荟、小型盆栽芦荟可放置于案头和书桌之上，改善居室环境，令人喜爱；大型盆栽芦荟放在客厅和庭院之中，趣味盎然。

净化功能： 芦荟能有效减少苯、甲醛的污染，并增加空气中负氧离子的浓度，特别适合在刚装修的房屋内摆放，是新居中必不可少的空气净化能手。

- 选盆：直径10~15厘米盆，依植株大小每盆种1棵。每1~2年换盆1次。
- 土壤：喜排水性能良好、不易板结的疏松沙壤土。
- 水分：芦荟较耐旱，春秋两季每3天浇水1次，夏季每1~2天浇水1次，冬季每7~10天浇水1次。怕积水，在阴雨潮湿的季节或排水不好的情况下很容易叶片萎缩、枝根腐烂乃至死亡。

- 施肥：喜薄肥勤施。每半个月追施液肥1次。为保证芦荟的绿色天然，要尽量使用发酵的有机肥，饼肥、鸡粪、堆肥都可以，蚯蚓粪更适合种植芦荟。

- 修剪：去除枯叶、烂叶和黄叶。若需掰取叶片使用，可用剪刀剪下，不要用力掰扯以免损伤枝干。

- 繁殖方法：以分株繁殖为主。成年芦荟周围都会长出许多幼株，将幼株从母体分离出来，另行栽植即可。分株在芦荟整个生长期中都可进行，但以春秋两季最为适宜。此时分株易成活，只要土床保持良好的通气透水状态，分生苗很快就可以恢复生长，成活后即可按正常盆栽管理。

- 病虫害防治：锈病是芦荟最常发生的病害之一，一旦发生须及时清除病残叶，并将其烧毁。褐斑病可喷洒75％百菌清可湿性粉剂1000倍液防治。叶枯病可喷洒75％百菌清可湿性粉剂600倍液防治。棉铃虫、红蜘蛛、介壳虫用30％毒死蜱微乳剂1000倍液喷杀。

互动小问答：

问：芦荟为什么不长小芽和侧株？

答：水分供给过于充足，植株就没有繁殖下一代的动力。为让它长小芽和侧株，要适当减少浇水，让土壤干旱一些。

旺家贴士：芦荟代表青春之源，有"洁身自爱，不受干扰"的花语。芦荟不但有净化空气的作用，还能美容养颜，适合送给乔迁新居的朋友。

外刚内柔——

仙人球

●科属：仙人掌科仙人球属

●别名：草球、长盛球

●花期：6~8月

观赏特性： 仙人球形态奇特，花色娇艳，茎呈球形或椭圆形，绿色，花着生于纵棱刺丛中。种类很多，有40多个品种，球形各不相同，有茎球形、椭圆形，有纵棱，呈辐射状排列；刺毛长短、疏密也不一样；花的颜色有金黄色、白色、红色等。

习　　性： 喜高温环境。适宜生长温度为20~35℃，20℃以下生长缓慢，10℃以下基本停止生长，0℃以下有被冻死的可能。盛夏气温35℃以上时，仙人球生长缓慢呈半休眠状态，待秋凉后恢复生长。要求阳光充足，但在夏季不能强光暴晒，需要适当遮阴。室内栽培可用灯光照射，使之健壮生长。

选购要领： 球体壮实、颜色新鲜、外形端正，无霉烂病斑，根系发达强健。

摆放位置： 仙人球适合摆放在家中的任何位置以及阳台、天台、庭院，尤其适合书房，摆放在电脑旁能有效吸收辐射。

净化功能： 仙人球的呼吸孔在夜间打开，在吸收二氧化碳的同时能放出大量的氧气。同时还能吸收大量电磁辐射，并吸附空气中的灰尘，起到极好的净化空气的作用。

- 选盆：根据球的大小选择花盆，圆形或各种异形盆均可。
- 土壤：喜中等肥沃、排水透气、含石灰质的沙壤土。
- 水分：夏季是仙人球生长期，气温高，需水量大，必须充分浇水。浇水宜在早、晚气温低时进行，中午炎热，浇水易引起球体灼伤。在高温梅雨季节，应适当节制浇水。对那些顶部凹陷的仙人球，注意不要将水浇进凹陷处，以免引起腐烂。冬季休眠期以保持盆土不过分干燥为宜，温度越低，越要保持盆土干燥。成年大球较之小苗更耐旱。冬季浇水应在晴天的上午进行。随着气温的升高，植株将逐渐脱离休眠，浇水次数及浇水量随之逐渐增加。
- 施肥：盆栽仙人球春季可施用充分腐熟的稀薄液肥或复合花肥，每 10~15 天施用 1 次。最炎热的夏季停止施肥。入秋后恢复施肥，一般每月施 1 次即可，至 10 月上旬停肥。若不控制肥料，让仙人球继续生长，柔嫩的球体越冬时易受冻害。施肥时要注意不可把肥沾到球上，万一沾上应及时用水喷洗。
- 修剪：花后及时剪除残花。
- 繁殖方法：分球法繁殖最为简便。在生长季节（3~5 月）从母球上剥取子球分植，介质可用素沙。栽植深度以球体根颈与土面相平为宜。新栽的仙人球

不要浇水，每天仅喷水 2~3 次即可，半个月后可少量浇水，1 个月左右长出新根以后可逐渐增加浇水量。成活后可定植到花盆中，正常管理即可。

● 病虫害防治：在高温、通风不良的环境中，易发生病虫害。炭疽病、根腐病、锈病等可每隔 10 天喷 1 次 50％甲基硫菌灵可湿性粉剂 600 倍液，或 75％百菌清可湿性粉剂 800 倍液。介壳虫、蚜虫、红蜘蛛可用 30％毒死蜱微乳剂 1000 倍液喷杀。注意无论喷洒哪种药液，都要在室外进行。

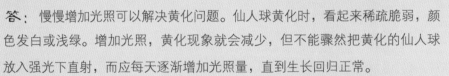

互动小问答：

问：仙人球黄化如何补救？

答：慢慢增加光照可以解决黄化问题。仙人球黄化时，看起来稀疏脆弱，颜色发白或浅绿。增加光照，黄化现象就会减少，但不能骤然把黄化的仙人球放入强光下直射，而应每天逐渐增加光照量，直到生长回归正常。

旺家贴士：仙人球代表信任、坚强、刚毅，也寓意命运即将变好。家里摆放仙人球，不但能改善居住环境，还能缓解心理压力。

科属：龙舌兰科虎尾兰属

别名：虎皮兰、虎皮掌

虎尾兰

旺家贴士：虎尾兰的花语是坚定刚毅，代表了一种坚韧不拔的顽强精神，令持有者具有坚强的意志力。虎尾兰尤其适合摆放在新居或办公室，不但能促进健康，还能使人精力旺盛、斗志昂扬。

观赏特性： 叶片坚挺直立，叶面有浅黄和深绿相间的虎尾状横带斑纹，姿态刚毅，奇特有趣，精美别致，是常见的盆栽观叶植物。

习　　性： 适应性强，性喜温暖，生长适温 13~24℃，怕暑热，较耐寒。冬季室温只要不低于 8℃仍能缓慢生长，当室温降到 3℃左右时叶片受冻萎缩。耐阴性极强，可常年在荫蔽处生长，怕阳光暴晒。

选购要领： 植株丰满、挺拔，叶丛匀称，叶片肥厚、直立、无缺损，斑纹清晰。金边品种要选择边缘黄色带宽阔、明显的。

摆放位置： 适合布置装饰书房、客厅等处，可供较长时间室内观赏。

净化功能： 虎尾兰是天然的清洁者，可以清除空气中的有害物质。有研究表明，虎尾兰可吸收室内 80%以上的有害气体，吸收甲醛的能力超强，并能有效地清除二氧化硫、氯气、乙醚、乙烯、一氧化碳、过氧化氮等有害物。

- 选盆：盆栽用直径 15~20 厘米盆。每 2~3 年换盆 1 次。

- 土壤：对土壤要求不严，以排水性较好的沙壤土为好。

- 水分：虎尾兰为沙漠植物，能耐恶劣环境和久旱条件。浇水要适中，不可过湿。春、秋生长旺盛期，土壤保持见干见湿；冬季休眠期要控制浇水，保持土壤干燥。浇水要避免浇入叶簇内。切忌积水，以免造成根茎腐烂。

- 施肥：喜薄肥勤施。生长盛期，每月可施 1~2 次肥，施肥量要少。一般使用复合肥或腐熟饼肥水。11 月至次年 3 月停止施肥。

- 修剪：发现有黄叶或病叶时，须随时剪除。金边品种若发现纯色叶片，也要将它剪除。

- 繁殖方法：分株和扦插繁殖均可。分株以早春结合换盆进行为好，将植株脱盆后扒开根茎，每丛 3~4 片叶栽植即可。扦插于 5~6 月进行，选取健壮叶片，剪成 5 厘米长，插于沙床中，露出土面一半，保持稍有潮气，一个月左右可生根。

- 病虫害防治：常发生炭疽病和叶斑病，可用 70％甲基硫菌灵可湿性粉剂 1000 倍液喷洒。虫害有象鼻虫，可用 20％杀灭菊酯 2500 倍液喷杀。

互动小问答：

问：虎尾兰的斑纹变淡如何处理？

答：斑纹变淡是由于长期阳光不足或水分太多造成的。注意将虎尾兰放在有散射光处，每隔一段时间要放到室外养护几天。浇水不能太勤，宁干勿湿。

松霞

黄花红果

别名：银松玉

科属：仙人掌科乳突球属

观赏特性： 植株娇小玲珑，<u>丛生</u>，自然成景，果实鲜红，经久不落，异常有趣。盆栽或组合成瓶景、小盆景，特别适合家庭栽培，装饰窗台、案头和书桌，优美大方。

习　　性： 喜温暖和阳光充足环境。生长适温 15~25℃，较耐寒，冬季温度不低于 5℃可露地越冬。阳光充足的环境下，花朵多，果实鲜艳，观赏价值高，但夏季忌烈日暴晒。

选购要领： 植株美观、匀称，球形，毛刺新鲜硬挺。带花和果实的更佳。

摆放位置： 适宜摆放在阳光充足的窗台、案几处，搭配各式的浅盆，打造成微景观。

净化功能： 能够在夜间吸收二氧化碳，释放出氧气，有利于净化空气，并且能吸收辐射。

- 选盆：宜用阔口盆栽植，盆口根据植株大小而定。每年换盆 1 次。
- 土壤：要求肥沃、排水良好的沙质土壤。
- 水分：喜干燥，较耐旱。平时土壤保持稍干燥为好，避免盆土积水，否则根部极易腐烂。
- 施肥：春、秋生长期每个月施少量复合肥，夏季和冬季停止施肥。

- 修剪：每年结合换盆将生长不良的小球、果实等摘除。
- 繁殖方法：每 3~4 年植株要更新 1 次，以保持长势旺盛。常用扦插和分株法繁殖。扦插以 5~6 月为宜，直接从母株上剥下子球，插于沙床，约 2 周后生根。分株于 3~4 月结合换盆进行，将过于拥挤的植株扒开直接分栽即可。
- 病虫害防治：有时发生炭疽病和斑枯病危害，用 75％百菌清可湿性粉剂 800 倍液喷洒。红蜘蛛危害严重时，可用 20％三氯杀螨砜可湿性粉剂 1000 倍液喷杀。

互动小问答：

问：松霞徒长且不开花，如何处理？

答：这种现象多半是由于水分过剩和光照不足造成的，要将其移到阳光充足处养护一段时间，并控制浇水，不久即可开花结果。

旺家贴士：松霞的果实经久不掉，象征着多子多福和富有生命力，尤其适合上班族种植。

金枝玉叶

马齿苋树

科属：马齿苋科马齿苋属

别名：金枝玉叶

观赏特性： 叶片油亮青翠，枝干古朴苍劲，可根据需要培育成各种造型，叶片还会根据温度和光照变色，极具美感。

习　　性： 喜温暖和阳光充足的环境，耐半阴。最适宜的生长温度为15~25℃，不耐寒，越冬温度10℃以上，低于5℃易受冻害，叶片大量脱落。夏季要遮阴，防烈日暴晒。冬季需移入室内向阳处养护。

选购要领： 株型美观、造型典雅，叶片肥厚油亮，根系发达者为佳。

摆放位置： 阳台、窗台、书桌等均可摆放，保持充足光照，夏季要移入阴凉处。

净化功能： 马齿苋树是室内净化空气的植物之一，能增加氧气，吸收甲醛。

- 选盆：根据植株大小选盆，一般以瓷或陶的高盆为宜，每两年的春季翻盆1次。
- 土壤：喜疏松肥沃、排水良好的沙壤土。
- 水分：春、秋生长期可适量浇水，保持见干见湿，但盆内不可积水。夏季高温可向叶面喷水，增加空气湿度。冬季则要控制浇水，使盆土稍干。
- 施肥：生长季节需每半个月施1次稀薄的腐熟饼液肥或以氮肥为主的稀薄肥水，若长势过弱，追施含钾的液肥。施肥宜淡而薄，不能浓稠。冬季停止施肥。
- 修剪：枝叶萌发力强，应经常修剪、抹芽，以保持树型的优美。结合翻盆可进行1次重剪，剪除弱枝和其他影响树形的枝条，并剪去部分根系，然后重新栽植。

- 繁殖方法：多采取扦插法繁殖。每年春、秋两季从生长势好、侧枝多的植株上选取带叶的侧枝，剪下 8~12 厘米长的插条，置于阴凉通风处晾干 1~2 天。然后插入沙床约 1/3，保持 20~25℃和适宜湿度，约半个月即可生根。

- 病虫害防治：易发生炭疽病，可用 50％的甲基硫菌灵可湿性粉剂 1500 倍液喷洒。粉虱、介壳虫危害，可用 50％杀螟松乳油 1000 倍液喷杀。

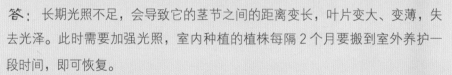

互动小问答：

问：马齿苋树叶片为什么会变大变薄，失去光泽？

答：长期光照不足，会导致它的茎节之间的距离变长，叶片变大、变薄，失去光泽。此时需要加强光照，室内种植的植株每隔 2 个月要搬到室外养护一段时间，即可恢复。

旺家贴士：马齿苋树寓意高贵、永远在一起、同心同德、相互扶持，常用于象征永恒的爱情，是赠送给爱人朋友的佳品。家中种植马齿苋树，寓意夫妻恩爱、家庭和睦。